ATMOSPHERIC FINE
PARTICLES & HUMAN HEALTH

大气细颗粒与人体健康

陆达伟 刘 倩 江桂斌 等 编

科学出版社

北 京

内 容 简 介

本书介绍了大气细颗粒物（PM$_{2.5}$）与人体健康的关系。全书共有 5 章：介绍了全球曾经发生的多起典型大气污染事件、PM$_{2.5}$ 污染与各类疾病发生发展的关系、PM$_{2.5}$ 在人体内的"旅程"及其引发的毒性效应、PM$_{2.5}$ 与人群死亡率之间的关系及室内 PM$_{2.5}$ 的主要来源和健康风险，以及我国为改善空气质量、保障人民健康，在大气污染防治方面的举措和效果。

本书适合所有关心地球环境和人类健康的人士阅读。

图书在版编目（CIP）数据

大气细颗粒与人体健康 / 陆达伟等编. —北京：科学出版社，2024.3
ISBN 978-7-03-077515-3

Ⅰ. ①大⋯　Ⅱ. ①陆⋯　Ⅲ. ① 可吸入颗粒物–关系–健康–研究
Ⅳ. ①X510.31

中国国家版本馆CIP数据核字（2024）第013702号

责任编辑：朱　丽　石　珺 / 责任校对：郝甜甜
责任印制：赵　博 / 封面设计：无极书装

科学出版社出版
北京东黄城根北街 16 号
邮政编码：100717
http://www.sciencep.com
北京建宏印刷有限公司印刷
科学出版社发行　各地新华书店经销
*
2024年3月第 一 版　开本：787×1092　1/16
2024年8月第二次印刷　印张：12 3/4
字数：280 000

定价：128.00元
（如有印装质量问题，我社负责调换）

前　言

　　良好的空气质量是人们健康生活的重要组成部分。然而，进入 21 世纪以来，我国面临比发达国家更为严重的大气污染问题。2013 年前后，我国经历了大范围十分严重的雾霾事件，大气细颗粒物（PM$_{2.5}$）浓度远远超过世界卫生组织推荐标准。同年，国际癌症研究机构（IARC）正式把 PM$_{2.5}$ 列为 I 类致癌物。权威医学期刊《柳叶刀》发表的 2015 年全球疾病负担研究表明，PM$_{2.5}$ 导致全球每年 420 万人死亡，占到全死因的 7.6%；而我国受 PM$_{2.5}$ 影响的死亡人数高达 111 万人，相比 1990 年增加了 17.5%。遗憾的是，当时虽然对 PM$_{2.5}$ 的浓度等环境污染特征已有多年的监测数据，但对其毒性组分、暴露特征、健康危害机制方面的认识仍相对局限。

　　为了阐明我国 PM$_{2.5}$ 污染的健康危害机制，2013 年，江桂斌院士率先提出开展大气细颗粒物的毒理与健康效应研究。2014 年召开国家自然科学基金委员会第 111 期双清论坛（"环境污染的毒理与健康研究方法学"）和第 515 次香山科学会议（"持久性有毒污染物的环境暴露与健康效应"）。2015 年国家自然科学基金委员会组织并启动了"大气细颗粒物的毒理与健康效应"重大研究计划。该研究计划由中国科学院生态环境研究中心江桂斌院士、中国科学院生物物理研究所张先恩研究员、国家食品安全风险评估中心吴永宁研究员、中国科学院大连化学物理研究所张玉奎院士、中日友好医院王辰院士、清华大学郝吉明院士、南京医科大学沈洪兵院士等组成专家组，打破学科界限，联合了化学、大气科学、地学、公共卫生、毒理学、生命科学、医学等不同领域的研究力量，并联合国际同行，共同围绕"大气细颗粒物（$PM_{2.5}$）的毒性组分、毒理机制与健康危害"进行了长达 8 年的联合攻关。该重大研究计划在系统总结 $PM_{2.5}$ 健康危害理论和方法学的基础上，面向社会公众开展 $PM_{2.5}$ 健康危害和防护的科学普及工作，积极履行社会责任。

本书从科普的角度介绍了 $PM_{2.5}$ 污染与人体健康的关系，以期全面了解 $PM_{2.5}$ 健康危害和我国为持续改善空气质量制定的政策及取得的成效。全书共分五章。第 1 章主要介绍了全球曾经发生的一些典型大气污染事件；第 2 章主要介绍了 $PM_{2.5}$ 污染与各类疾病发生发展的关系，特别是呼吸系统疾病、神经系统疾病、心血管疾病等；第 3 章主要介绍了 $PM_{2.5}$ 经呼吸等暴露途径后在人体内的"旅程"，并进一步揭示其引发的毒性效应；第 4 章主要介绍了 $PM_{2.5}$ 与人群死亡率之间的关系，包括全因死亡率和疾病归因死亡率，还讨论了室内 $PM_{2.5}$ 的主要来源及健康风险；第 5 章主要介绍了我国在改善空气质量方面的历史发展、现状和未来趋势。

作为一本科普读物，本书采用图文并茂的呈现方式，以尽量通俗易懂的语言进行科普描述，从而达到向社会公众普及 $PM_{2.5}$ 健康危害和防护的目的。科学的发展是一个渐进式的、不断提高认识的过程，期待本书的出版可以激发读者，特别是青（少）年读者对大气污染与健康、环境与健康的研究兴趣，推进未来环境健康的认识水平。由于作者本身认知水平和编写时间所限，本书可能存在若干不成熟的看法或疏漏，敬请读者批评指正。

最后，特别感谢国家自然科学基金委、参与"大气细颗粒物的毒理与健康效应"重大研究计划的所有老师以及为本书编写出版做出贡献的各位同仁。

编写组

2023 年 11 月

目　录

第1章

全球知名的
大气污染事件

　　工业革命以来，人类社会曾发生过许多大气污染事件，从马斯河谷烟雾事件到伦敦烟雾事件，从洛杉矶光化学烟雾到日本四日市哮喘，大气污染早已对我们敲响了警钟。我国也经历了较为严重的大气污染，回望这一段历史，将对我们建设人与自然和谐共生的现代化社会有一定的启示。

本章作者：李思，祝严欢，毕键洲

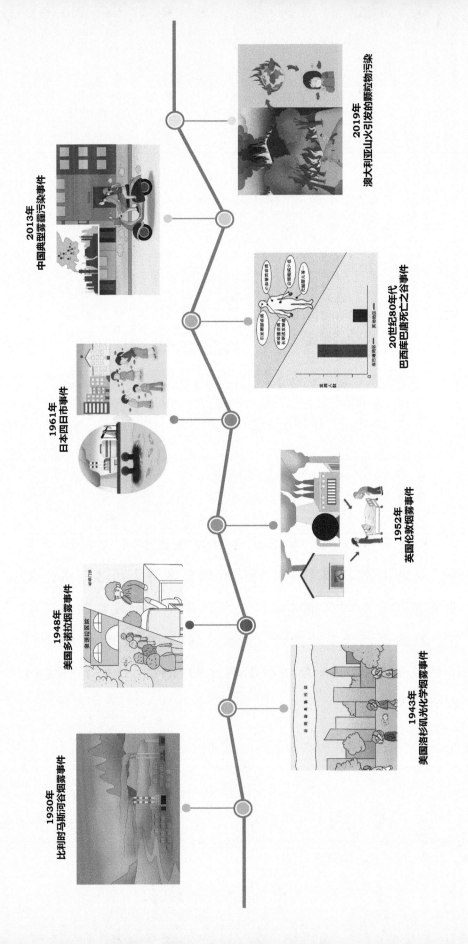

1-1　比利时马斯河谷烟雾事件

马斯河谷位于比利时境内马斯河旁，是一段长约 24 公里的河谷地带，这一地带中部低洼，两侧有百米高的山岗对峙，形成一处狭窄的盆地。1930 年 12 月 1 日，一场浓雾覆盖了比利时的大部分地区，马斯河谷地区大雾尤其浓厚（图 1.1）。

12 月 3 日，该地区的居民陆续出现流泪、喉痛、咳嗽、呼吸短促、胸口窒闷、恶心呕吐等症状。在随后的两天内，超过 60 位患者相继死亡，死亡病例几乎全部发生在 24 小时之内。12 月 6 日，随着大雾消散，呼吸疾病迅速得到好转，没有再出现新的病例。据统计，在大雾笼罩马斯河谷的 5 天时间内，有几千人发生呼吸道疾病，发病者包括各个年龄阶段的男女。在 60 多例死亡病例中，多数为老人、呼吸道疾病和心脏病患者。此外，当地的动物也没能逃过这场劫难，牛棚里的牛出现了呼吸系统问题和死亡案例，鸟和田鼠也出现了死亡现象。

悲剧发生后，当地政府迅速成立了包括列日大学病理解剖学和法医学的让·费尔克（Jean Firket）教授在内的专家委员会，对事件展开调查。对约 15 例尸体进行解剖，结果都表明死者的呼吸道出现了病变，显微切片发现直径为 0.5~1.35 微米的烟尘微粒或在肺泡中游离存在，或被多核白细胞吞噬。通过对当地排入大气的各种气体和烟

图 1.1　马斯河谷地区工厂排放的废气难以扩散

雾进行分析，研究人员排除了氟化物、氯化物、含锌或铁的硝酸盐等污染物的影响，最终证实硫氧化物是主要的致害物质。马斯河谷地区是比利时重要的工业区，河谷内遍布钢铁厂、锌冶炼厂、炼油厂、化肥厂、玻璃制造厂等重型工业。煤炭的消耗和工业的发展使当地硫化物污染十分严重，在大雾天气下，空气中存在的氮氧化物和金属氧化物微粒加速了生成硫酸物质的氧化反应，而吸附了刺激性气体的烟尘微粒在空气中长时间悬浮，深入呼吸道，加剧了对人体的刺激作用。在马斯河谷烟雾事件中，地形和气候也扮演了重要角色，狭窄的盆地地形以及气候反常出现的逆温层和大雾，抑制了工厂排放烟气的上升和扩散，使得工厂排放的废气和污染物积聚在河谷走廊，累积到一定浓度后，超过了其毒性阈值，对人体产生急性毒害效应。

　　马斯河谷烟雾事件（图 1.2）是 20 世纪早期被记录的大气污染惨案，并首次为大气污染可能导致的疾病和死亡提供了科学依据。Jean Firket 教授领衔的专家委员会在关于马斯河谷烟雾事件的报告中曾提醒："如果同样的天气条件持续相同的时间长度，并延续同样的工业活动，同样的事故会再次发生。"之后马斯河谷虽然没有再出现重大的急性大气污染事件，但这一警告没有阻止类似事件在其他国家或地区再次上演。

图 1.2　比利时马斯河谷烟雾事件发生时部分场景漫画示意图

1-2 多诺拉烟雾事件

19 世纪末至 20 世纪初，在工业发达的美国东北部和中西部地区，地价的上涨、交通的发展和城市污染管制等导致大量的工厂从城市中心迁移到郊区，形成了工业卫星城。企业为了达到规避监管、放心生产、自由排放、利益最大化的目的，来到卫星城，同时也带来了严重的环境问题。多诺拉（Donora）位于匹兹堡（Pittsburgh）东南方 30 英里，是"钢都"匹兹堡众多卫星城中的一个，城镇坐落在孟农加希拉河的一个马蹄形河湾内侧，沿河是狭长平原，两边有高约 120 米的山丘。多诺拉镇与韦布斯特镇隔河相对，形成一个河谷工业地带，人口约 1.4 万。

1948 年 10 月 26 日，当地空气污染状况出现急剧恶化。往日顺风飘走的烟雾被逆温层封闭在山谷之间，二氧化硫的刺鼻气味令人作呕，悬浮颗粒物使得空气能见度降低，除了烟囱之外，工厂都消失在烟雾中。随之而来的是小镇中约 6000 人突然发病，症状为眼痛、咽痛、流鼻涕、咳嗽、头痛、四肢乏倦、胸闷、呕吐、腹泻，并导致约 20 人死亡。这就是著名的"多诺拉烟雾事件"。

与马斯河谷烟雾事件类似，多诺拉的大型炼铁厂、炼锌厂、硫酸厂在生产过程中向空中排放大量二氧化硫、硫化氢、一氧化碳、氮氧化物等气体和含有铅、锌、镉、铜等多种重金属的颗粒物，这些污染物在地理因素和逆温层的作用下积聚在河谷中，造成严重后果。多诺拉烟雾事件发生期间，轻度患者占居民总数的 15.5%，症状是眼痛、喉痛、流鼻涕、干咳、头痛、肢体酸乏；中度患者占 16.8%，症状是咳痰、胸闷、呕吐、腹泻；重度患者占 10.4%，症状是综合的。发病率和严重程度同性别、职业无关而同年龄有关，65 岁以上人群发病率超过 60%；死亡人群的平均年龄在 65 岁。尸体解剖记录证明死者肺部都有急剧刺激引起的变化，如血管扩张出血、水肿、化脓性支气管炎等。关于其长期影响的研究表明，1948 年至 1957 年多诺拉报告患有心脏或呼吸系统疾病的人共有 70 人死于癌症和心血管疾病（CVD）远高于预期的疾病特异性死亡率计算出的 39 例。

为了应对多诺拉烟雾事件（图 1.3），1949 年美国联邦政府提出了第一批空气污染立法提案。宾夕法尼亚州立法机关于 1949 年设立了空气污染管控部门。1950 年，哈里·杜鲁门总统表示，政府和工业部门应该联合起来应对致命的烟雾问题。内政部长奥斯卡·查普曼主持了第一次全国空气污染会议。上述举措最终促成美国公共卫生署一系列新的环境政策。

图 1.3　多诺拉烟雾事件发生时部分场景漫画示意图

1-3 伦敦烟雾事件

"这一天，伦敦有雾，浓重而阴沉……在伦敦四周的乡村里，雾是灰色的，而在城市边沿一带的地方，雾是深黄色的，靠里一点，是棕色的，再靠里一点，棕色再深一些，再靠里，又再深一些，直到商业区的中心地带……雾是赭黑色的"这是 19 世纪英国作家查尔斯·狄更斯笔下的伦敦。然而早在 17 世纪，英国的烟雾就有了相关记载，自 18 世纪工业革命之后，伦敦市民就饱受烟尘和雾霾的困扰。20 世纪以来，因"雾日"频发，伦敦得名"雾都"。

1952 年 12 月 5 日至 9 日，地处泰晤士河河谷的伦敦上空受高压系统的控制，垂直和水平方向的空气流动均停止，整个伦敦被笼罩在浓雾之中，风速不超过每小时 3 公里，基本处于无风状态。时值冬季，工业生产和居民燃煤取暖排出的废气及灰尘难以扩散，积聚在城市上空。由于逆温层的作用，煤炭燃烧产生的二氧化碳、一氧化碳、二氧化硫、粉尘等气体及污染物在城市上空不断积蓄，使空气中的污染物浓度持续上升，烟尘浓度高达每立方米 4.46 毫克，二氧化硫浓度峰值为每立方米 3.83 毫克。黄棕色的烟雾辛辣刺鼻，许多居民出现眼睛刺痛、胸闷、窒息等不适感，发病率和死亡率急剧增加（图 1.4）。

据统计，在烟雾笼罩的 5 天时间里，死亡人数达 4000 多人。有报道指出，1952 年整个冬天，伦敦死亡率都要高出正常水平，约有

图 1.4 工业和家庭供暖的煤炭燃烧是伦敦烟雾事件的主要成因

12000 人的死亡与此次烟雾事件有关。

烟雾事件后，英国政府成立了由休·比弗（Hugh Beaver）爵士领导的比弗委员会，负责调查伦敦事件的成因。之后发布的"比弗报告"指出，企业和家庭供暖的煤炭燃烧是烟尘的最大制造者（图 1.4），并估算此次空气污染事件造成的直接经济损失在 1.5 亿~2.5 亿英镑之间，占当时英国国民收入的 1%~1.5%。

此次烟雾事件（图 1.5）造成的严重危害迫使英国加速了环境保护立法进程，最具有代表性的是 1956 年实施的《清洁空气法》和 1974 年制定的《污染控制法》，其中《清洁空气法》第一次以立法的形式对家庭和工厂产生的废气进行控制。此外，为了防控大气污染，

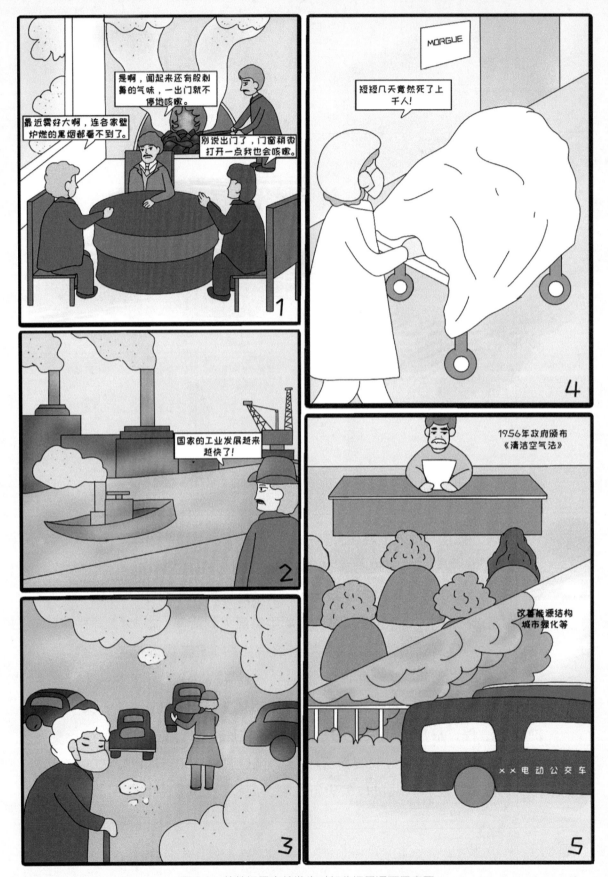

图 1.5　伦敦烟雾事件发生时部分场景漫画示意图

改善空气质量，英国政府在城市建设方面也采取了一系列措施，包括建设卫星城、工业搬迁、城市绿化等，并改善能源结构，鼓励使用电力、天然气等清洁能源，减少煤炭的使用。由于采取了多方面的治理措施，伦敦的大气污染逐渐得到有效控制。

清洁能源

清洁能源是指不产生污染物或污染程度小，能够直接用于生产生活的能源形式，既包括太阳能、风能、水能、地热能、生物能等可再生能源，也包括天然气、核能等在能源生产、消费过程中对生态环境低污染或无污染的能源。

　　1967 年，即使在烟雾浓度最高的贝肯恩斯顿地区，冬天的烟雾浓度也已低至 50 年代初的 1/3，1973 年，市中心的烟雾浓度已降至 20 年前的 1/5，20 世纪 70 年代中期，伦敦基本摘掉了"雾都"的帽子。此后，伦敦的烟雾含量进一步减少，空气质量不断提高，1992 年 12 月 2 日，联合国环境规划署和世界卫生组织在一份联合调查报告中宣布，英国伦敦已成为世界上空气最清洁的都市之一。

1-4 洛杉矶光化学烟雾事件

洛杉矶是美国西海岸的海滨城市，坐落在三面环山、一面临海的开阔盆地中。1936 年，洛杉矶开始开发石油，新产业的发展导致大量人口开始涌入。到 20 世纪 40 年代初，洛杉矶已有 150 万人和 250 万辆汽车。工业废气和汽车尾气的排放使得洛杉矶的空气持续恶化。根据气象记录，1939~1943 年，城市能见度持续下降，但这没能引起人们的足够重视。1943 年 7 月 26 日，更严重的状况发生了。当天，洛杉矶的空气中弥漫着浅蓝色的浓雾和刺鼻的气味，很多人的眼睛不断流泪，医院挤满了咽喉疾病的患者。这就是有名的"洛杉矶光化学烟雾事件"（图 1.6）。

洛杉矶光化学烟雾的形成机理是汽车、工厂等污染源排入大气的碳氢化合物和氮氧化物等一次污染物，在阳光的作用

一次污染物

一次污染物是指由污染源直接排入环境的，其物理和化学性状未发生变化的污染物。二次污染物是指一次污染物在物理、化学因素或生物的作用下发生变化，或与环境中的其他物质发生反应，所形成的物理、化学性状与一次污染物不同的新污染物。例如，燃煤排放的二氧化硫在大气中氧化生成硫酸盐气溶胶。

图 1.6　1954 年洛杉矶的老照片

由于空气污染严重，Highland Park Optimist 俱乐部在聚会时不得不佩戴防毒面具

下发生光化学链式反应，生成臭氧和过氧乙酰硝酸酯等二次污染物。 大气中碳氢化合物在链式反应中起着重要作用，然而人们却不清楚这些碳氢化合物究竟从何而来。起初烟雾控制部门立即采取措施，加固了炼油厂储油罐防止其挥发，但未获得预

链式反应

链式反应是指反应产物之一又继续引起同类反应，并逐代延续进行的过程。此处是指自由基链式反应，包括光照产生含有单电子的自由基的链引发过程，自由基与稳定分子作用产生新自由基和新分子并不断循环的链传递过程，以及稳定分子耗尽后自由基之间相互反应而消亡的链终止过程。

期效果。

后来，人们才开始关注汽车尾气污染，当时的 250 万辆各种型号的汽车，每天消耗 1600 万升汽油，由于发动机的燃烧效率不高，使得每天有 1000 多吨碳氢化合物未经燃烧直接进入大气，导致了此次污染事件的发生。与此同时，加利福尼亚寒流使得近地面的空气变冷，使得逆温层现象更加严重，进一步加剧了污染程度。

光化学烟雾中有很多有害物质，如臭氧和过氧乙酰硝酸酯等，它们会使眼睛红肿，流泪，还可导致出现头痛、咽痛、咳嗽、心脏功能的衰竭等症状。光化学烟雾还可能造成牲畜患病、农作物生长缓慢，橡胶制品老化，腐蚀建筑，降低大气可见度等危害。1950~1951 年，全美因大气污染造成的损失就达 15 亿美元。1955 年，洛杉矶有 400 多位 65 岁以上的老人死于呼吸系统衰竭；1970 年，有 75% 以上的市民患上了红眼病。1943 年至 21 世纪初，光化学烟雾污染造成的经济损失高达 300 亿美元。

洛杉矶光化学污染事件（图 1.7）是美国环境管理的转折点，其不仅催生了著名的《清洁空气法》，也让洛杉矶起到了环境管理的先头示范作用。在洛杉矶所处的加利福尼亚州，环境管理措施的核心包括：形成了以联邦及加利福尼亚州《清洁空气法》为基本法，由大气污染控制法和大气质量标准法构成的大气污染防治专门法律体系；设立空气质量管理区，加大区域环境管理部门的自主权，落实环境政策；基于大气污染情况、地理情况及其他因素建立了大盆地联合空气污染控制区。

经过几十年的治理，加利福尼亚州的空气质量得到了明显改善，除臭氧、细颗粒物 $PM_{2.5}$ 等少数污染指标未能达到联邦空气质量标准

图 1.7　洛杉矶光化学烟雾事件发生时部分场景漫画示意图

外，其他污染物指标均达到联邦标准。1980 年至 2011 年间，在加利福尼亚州全境内臭氧污染和颗粒物排放持续减少。与 2000 年相比，2012 年加利福尼亚州全州范围内"空气不健康"的日子减少了 74%。经过几十年的努力，洛杉矶实现了车辆与蓝天的共存，已成为负有盛名的度假旅游胜地之一。

1-5 日本四日市事件

　　四日市位于日本东部伊势湾海岸，近海临河，交通便利。四日市在 20 世纪 50 年代前主要以渔业、农业和纺织业为主。自 1955 年，第一座炼油厂在四日市建成，四日市的石油工业迅猛发展，相继兴建了三大石油化工联合企业及三菱石化等十余个大型石化工厂和 100 多个中小型企业，成为当时日本最大的石化基地。

　　重工业发展的同时也带来了很多问题，因缺乏城市规划，盲目扩大联合工厂，四日市一些重工业工厂建设在住宅区、学校等公共设施旁边，没有相应的隔离措施，恶臭、噪声等公害问题经常困扰居民的生活。石油工业产生的含酚废水排放到伊势湾，导致附近的水产发臭不能食用，但四日市最广为人知的还是大气污染。石油冶炼和工业燃油产生了大量的硫氧化物、碳氢化物、氮氧化物、重金属微粒和粉尘等污染物，直接排放到大气环境中，造成四日市终年黄烟弥漫。据统计，四日市工厂每年排放的二氧化硫超 10 万吨，大气中二氧化硫浓度超过标准值的 5~6 倍，上空的烟雾层厚达 500 米。很多居民出现头痛、喉痛、眼睛痛、呕吐等症状，患哮喘的人数剧增（图 1.8）。

　　1961 年，四日市哮喘大肆流行，尤以支气管哮喘最为突出。1964 年有烟雾连续三日不散，不少哮喘病患者因此死去。据调查，四日市哮喘病以支气管哮喘、慢性支气管炎、哮喘性支气管炎、肺气

图 1.8　四日市重工业发展造成诸多环境公害问题

肿等闭塞性呼吸系统疾病为主，此类病症被统称为"四日市哮喘病"。1967 年，一些哮喘病患者因难以忍受病痛折磨而自杀。1972 年，四日市哮喘病患者高达 817 人，死亡超 10 人。后来日本各大城市普遍使用高硫重油，致使哮喘病在全国几十个城市蔓延。据日本环境厅统计，至 1972 年，日本全国哮喘病患者达 6376 人。

　　1965 年日本建立大气环境连续监测站，1967 年颁布《公害对策基本法》，1968 年出台《大气污染防治法》，1969 年制定了二氧化硫环境标准值，首次对硫氧化物进行"总量限制"，1970 年制订《大气环境质量标准》。1967 年，在环境污染抗争运动的支持下，九名公害病患者作为原告，将引发公害问题的六家企业告上法庭，经过近五年的诉讼斗争，以原告方胜诉而告终。1974 年，日本实行《公害健康被

害补偿法》，对公害病患者的医疗费用、收入损失等予以补偿。进入
20 世纪 70 年代，日本在国家层面开始加快环境污染治理制度的建设，
四日市也拉开了环境治理的新序幕，并取得显著成效。1976 年，四
日市空气中的二氧化硫含量达到了日本全国的环境标准；1981 年，四
日市呼吸道疾病的新增率与非污染地区相当；1987 年，四日市被日本
环境厅评选为"星空之城"；1995 年 6 月，四日市被联合国环境规划
署授予"全球 500 佳"环境奖（图 1.9）。

图 1.9　日本四日市事件发生时部分场景漫画示意图

1-6 库巴唐死亡之谷事件

库巴唐位于巴西最大的城市圣保罗和主要港口桑托斯之间，作为著名的交通枢纽吸引了大批工业企业入驻。20 世纪 60 年代库巴唐引进炼油、石化、炼铁等企业 300 多家，成为圣保罗的工业卫星城。库巴唐位于海洋和马尔山脉之间的湿地地区，为了腾出工业用地，大片湿地被混凝土取代，严重影响了该地区的生态系统。企业为了降低成本，获取更大的经济利益，任意排放废气废水，而且环境法规的执行遇到了来自企业、地方政府和圣保罗州政府经济部门的巨大阻力，这导致了库巴唐普遍的健康问题。该地区报道有 100 多起新生儿异常事件，例如无脑畸形。接触苯烟雾引起的白细胞减少症以及哮喘、严重气管炎等呼吸系统疾病在该地区也很普遍。上述现象直到 20 世纪 80 年代才广为人知，被称为"库巴唐'死亡之谷'事件"（图 1.10）。

污染事件发生期间，库巴唐地区有 20% 的人患有呼吸道过敏症，医院挤满了接受吸氧治疗的儿童和老人，其中主要是贫民窟居民。库巴唐市居民患癌症的几率远高于其他地区，膀胱癌患者的比率比其他城市要高 6 倍，神经系统癌症患病率是其他城市的 4 倍，肺癌、咽喉癌、口腔癌和胰腺癌的患病率也是其他城市的 2 倍。

库巴唐"死亡之谷"事件的起因主要有四点。第一，与马斯河谷

图 1.10　左图为 1980 年 9 月 23 日的《纽约时报》首次以"死亡之谷"称呼库巴唐；右图为 2022 年的库巴唐

烟雾事件等类似，库巴唐地区的大气污染扩散条件较差，冬季空气的逆温层现象很常见，且城市处于盆地之中，抑制了污染物的扩散。第二，生态系统破坏，该地区周围的热带森林因空气污染而退化，湿地被改为工业用地和耕地，生态系统的自我调节能力下降，导致一系列自然灾害的发生。第三，工业废气和污水的违规排放和港口密集交通的汽车尾气排放，进一步污染了河流、沼泽和土壤。第四，社会发展不均衡，高失业率和缺乏基

逆温层

逆温层是指在空气下沉、辐射冷却、空中热气流流向地面、近地层扰动等因素的影响下，气温随高度的增加而增加或保持不变的大气层次。逆温层抑制了大气对流，不利于大气污染物的扩散。

本的生活基础设施在库巴唐地区也是常态，导致居民生活条件恶劣和缺乏医疗保障。

1982 年 11 月，巴西环境特别秘书处（1985 年并入城市发展和环境部）开始实施库巴唐污染控制计划（CPCP）。世界银行和圣保罗州为巴西环境特别秘书处设立了一项特别信贷额度，用于购买污染控制设备。CPCP 分为三个子项目：①环境污染控制项目，控制和监测库巴唐的空气和水污染；②污染管制支援计划，为污染管制提供技术支援及相关研究；③社区参与及环境教育计划。CPCP通过对 206 处空气污染源、39 处水污染源、43 处土壤污染源的治理，至 1996 年实现了颗粒物减少 79%，硫氧化物减少 27%，氮氧化物减少 14%，碳氢化合物减少 69% 的成果，使库巴唐不再是死亡之谷（图 1.11）。

图 1.11 库巴唐"死亡之谷"事件发生时部分场景漫画示意图

1-7 中国典型雾霾污染事件

2013 年 12 月 2 日至 14 日，中国发生了严重的雾霾污染事件，涉及地区之广，几乎涵盖了中部和东部所有地区。全国平均雾霾天数居近 52 年之最。天津、河北、山东、江苏、安徽、河南、浙江、上海等地空气质量指数（Air Quality Index，AQI）均达到六级严重污染级别（图 1.12），京津冀与长三角雾霾连成片。

PM$_{2.5}$

PM$_{2.5}$是指大气中空气动力学直径小于或等于2.5微米的颗粒物，能通过呼吸道直达肺泡，因此也被称为可入肺颗粒物。PM$_{2.5}$主要由碳、有机碳化合物、硫酸盐、硝酸盐、铵盐等物质组成，同时也包含金属元素，微生物，细菌，病毒等。此外，由于其在大气中的滞留时间长、输送距离远，PM$_{2.5}$也成为空气中部分有毒、有害物质的载体，进一步危害我们的身体健康。

首要污染物 PM$_{2.5}$ 浓度日平均值超过 150 微克 / 立方米，部分地区达到 300~500 微克 / 立方米。此次重霾污染最为严重的区域位于江苏中南部，南京市空气质量连续 5 天严重污染、持续 9 天重度污染，12 月 3 日 11 时的 PM$_{2.5}$ 瞬时浓度达到 943 微克 / 立方米。

此次大范围的严重雾霾污染事件，与美国洛杉矶光化学烟雾事件

图 1.12　由于我国中东部地区雾霾污染严重，人们出行不得不佩戴口罩

及多诺拉烟雾事件的成因也有着部分相似之处，都是主要受到近地面气象因素的影响，形成的逆温层导致空气垂直运动受到限制，大气扩散条件变差，造成大气污染物的持续累积。当空气相对湿度增加时，大气颗粒物吸水膨胀，导致污染程度持续加重。机动车尾气与冬季骤增的燃煤排放产生的污染物，叠加较差的大气扩散条件，是中国中部和东部地区出现了此次严重雾霾事件的主要元凶。此次大范围雾霾事件呈现出复合型污染的特点，"二次污染物"占较大比例。"二次污染物"是指汽车尾气、燃煤等产生的二氧化硫、氮氧化物在空气中经过化学反应，进一步转化为硫酸盐、硝酸盐等物质，这类转化后形成的物质通常会对人体造成更大危害。

大量的流行病学研究结果显示，老年人、儿童以及存在心肺系统基础病的患者是颗粒物暴露的易感人群。据研究统计，2013 年 1 月，仅北京市，在短期高浓度 $PM_{2.5}$ 污染暴露条件下，约造成早逝 201 例，

流行病学

流行病学，指研究特定人群中疾病、健康状况的分布及其决定因素，并研究防治疾病及促进健康的策略和措施的科学。

呼吸系统疾病住院 1056 例，心血管疾病住院 545 例，儿科门诊 7094 例，内科门诊 16881 例，急性支气管炎 10132 例，哮喘 7643 例，相关健康经济损失高达 4.89 亿元。其中，早逝、急性支气管炎与哮喘三者占总损失的 90% 以上。

为了控制空气污染，改善空气质量，提高人民的幸福感，中国政府采取了强有力的措施治理雾霾，2013 年 9 月，国务院发布了《大气污染防治行动计划》，该计划的正式实施打响了中国"蓝天保卫战"的第一枪。"天地空"一体化监测体系基本建成，环境空气质量监测网络逐渐完善，国家、省、市、区县 4 个层级的空气监测站点总数超过 5000 个。大力推进综合减排，实施钢铁、水泥、平板玻璃等重点行业污染治理设施提标改造工程，加快淘汰落后产能，化解过剩产能，产业结构不断优化的同时，控制煤炭消费总量，淘汰老旧车辆，加快油品升级等。

近年来，中国环境空气质量总体改善。《中国空气质量改善报告（2013—2018 年）》显示，2018 年，全国 PM_{10} 平均浓度为 71 微克 / 立方米，较 2013 年下降 27%；首批实施《环境空气质量标准》的 74

个城市 PM$_{2.5}$ 平均浓度为 42 微克 / 立方米，较 2013 年下降 42%；北京市 PM$_{2.5}$ 浓度从 2013 年的 90 微克 / 立方米降到 51 微克 / 立方米，降幅达 43%。2018 年，京津冀、长三角 PM$_{2.5}$ 平均浓度分别比 2013 年下降了 48% 和 39%。北京市重度及以上污染天数从 2013 年的 58 天减少到 15 天（图 1.13）。

PM$_{10}$

PM$_{10}$是指环境空气中空气动力学直径小于等于10微米的颗粒物，也称可吸入颗粒物。

图 1.13　中国典型雾霾污染事件发生时部分场景漫画示意图

1-8 山火引发的颗粒物污染

近年来，山火频发带来的颗粒物污染问题进入了公众的视野（图1.14）。2019年9月，位于澳大利亚东海岸的昆士兰州和新南威尔士州迎来数千场丛林大火，并逐渐向南部蔓延，直至次年2月，火势才得以控制。据统计，截至2020年1月9日，澳大利亚累计共有1070

图 1.14　山火引发的颗粒物污染示意图

万公顷的土地被烧毁，造成 27 人死亡、2131 处房屋被毁。2021 年 8 月，加利福尼亚州大火在全美境内蔓延，涉及 13 个州，过火面积超过 10131 平方公里。2022 年 8 月，仅四川、重庆有公开报道的山火已达 19 起，涉及 14 个区县，仅重庆涪陵区荔枝街道和江北街道辖区山火预估过火面积就超过 53.3 公顷。

山火的起因，是大家共同关心的问题。以美国西部山火为例，气候变化是包括加利福尼亚州在内的美国西部山火越来越严重的主要原因。在 2017 年的山火中，长期干旱的加利福尼亚州在 2016 年冬季和 2017 年春季迎来了丰沛的降雨，并在随后迎来了最长时间

圣安娜风

圣安娜风是加利福尼亚州南部沿海低地在秋季至初春期间出现的强劲的干热风。冬季时，加利福尼亚州南部沿海的东北部存在内陆高压，气流从内陆高压区向加利福尼亚州沿海低压区流动，形成东北风。随着气流从高原荒漠吹向沿海低地，气流下沉并加速增温，导致干热的情况。当干热气流通过沿海山谷时，风速加大，形成强劲的圣安娜风。由于圣安娜风的炎热、干燥以及风速高的特点，常常导致野火的发生，因此也被称为"魔鬼风"。

的高温天气，大量植物在高温干旱的天气中枯萎，成为了很好的燃烧底物。只需一个火源，或来自雷电，或来自人为燃放。在美国内陆荒漠地带的"圣安娜风"的助推作用下，山火可能迅速蔓延开来。

大范围的山火不仅会造成巨大的人身安全威胁及财产损失，其引发的严重颗粒物污染也危及到人们的日常生活。受山火的影响，2019 年悉尼的空气质量明显降低。曾经，悉尼是澳大利亚乃至全世界空

气最好的城市之一。但从 2019 年 10 月起，悉尼却位列全球空气污染最严重的城市的前 10 名，与印度新德里、孟加拉国达卡、巴基斯坦拉合尔等城市角逐"空气最脏"的排名。美国肺脏协会报告称，2018~2020 年，美国不良和危险空气质量天数达到空前水平，约 1.37 亿美国人生活在空气质量不良地区。作为受山火影响最严重的州之一，加利福尼亚州空气污染位列全美第一，据统计，2021 年美国颗粒物污染最严重的 5 个城市均在加利福尼亚州。

截至 2021 年底，山火在美国产生了 25%~50% 的大气 $PM_{2.5}$。暴露于 $PM_{2.5}$ 会诱发一系列呼吸系统疾病、心血管疾病，还可能增加过早死亡的风险，对人体健康造成巨大危害。烟雾会通过吸入或刺激眼部影响到人体健康，值得注意的是，山火发生后，因呼吸系统疾病送医的患者越来越多。山火烟雾组成复杂，但其主要成分是

超细颗粒物

超细颗粒物（Ultrafine Particles，UFP），是指空气动力学直径小于100纳米的颗粒物。由于其微小的尺寸，它们不仅仅可被人体直接吸入肺部，进入循环系统，并且还能扩散到全身多个组织和器官，对人体健康产生更深入的损伤，是大气颗粒物的关键毒性组分之一。

燃烧产生的颗粒物，包括 $PM_{2.5}$ 和超细颗粒物。除此之外，山火烟雾中还包含二氧化碳、一氧化碳、氮氧化物、挥发性有机化合物等。暴露于山火烟雾中可能引发的健康问题包括：眼部灼热和刺激、鼻塞流涕、喉咙沙哑、头痛、呼吸急促、哮喘、支气管炎和过敏症状恶化、慢性心肺疾病恶化等（图 1.15）。

图 1.15　老师在课堂教授山火的成因及健康影响

多国在总结历年森林防火经验教训的基础上，因地制宜地采取多种预防措施，如美国积极研制监测、灭火设备和化学灭火剂；欧洲调整林木结构；澳大利亚把教育和培训放在预防的首位，规定年满12岁必须接受防火教育，16岁就要接受专门的扑火技能培训。针对频繁爆发的山火，我国森林防火工作实行"预防为主、积极消灭"的方针，并且，在多地实施森林防火封山令，

挥发性有机化合物

挥发性有机化合物（Volatile Organic Compounds，VOCs），是指除CO、CO_2、H_2CO_3、金属碳化物、金属碳酸盐和碳酸铵外，任何参加大气光化学反应的碳化合物。包括苯、甲苯、二甲苯、苯乙烯、三氯乙烯、三氯甲烷、三氯乙烷、二异氰酸酯（TDI）、二异氰甲苯酯等。在生活中，VOCs主要由家居建材，汽车尾气，日化用品等释放，长期暴露于VOCs可能会对免疫系统，神经系统造成损伤，对人体健康产生不良影响。

严格火源管控，强化隐患排查。此外，由于气候变化导致的持续高温天气会加剧山火的发生。并且，据联合国防治荒漠化公约发布的报告显示，2000年以来全球旱灾的发生概率上升了29%。旱情加剧了山火蔓延和荒漠化。因此，在未来，除了对火灾的应急管控措施之外，还应加强对温室气体排放的管控以及对旱情的防治。

第2章

大气细颗粒物是
疾病的"帮凶"吗？

　　PM$_{2.5}$的长期暴露抑或是短期急性暴露，都可能会对人体健康造成不可忽视的损害，进而引起呼吸系统、神经系统、心血管系统等疾病的发生及加重，这可能是引起全球死亡率上升的一项重要影响因素。本章将阐述大气细颗粒物污染与各类疾病发生发展的关系，特别是呼吸系统疾病、神经系统疾病、心血管疾病等。

本章作者：王伟超

2-1 大气细颗粒物是"呼吸"的痛

2-1-1 肺癌的"助推剂"

国际癌症研究机构（International Agency for Research on Cancer, IARC）于 2021 年发表的全球癌症研究报告——《2020 年全球癌症统计报告：全球 185 个国家 36 种癌症发病率和死亡率的估计》中显示，肺癌是所有癌症中发病率第二高（11.4%）、死亡率最高（18%）的癌症类型（图 2.1）。作为一个重要的肺癌致癌因素，$PM_{2.5}$ 与肺癌的关系长期以来一直备受研究关注。

许多研究报道表明随着 $PM_{2.5}$ 浓度的升高，肺癌的发病率和死亡率会随之升高。一项在加拿大开展的大型人群队列研究表明，$PM_{2.5}$ 的浓度每升高 5 微克 / 立方米，患上肺癌的风险就会上升 2%（95% CI: 1%~5%）。值得注意的是，$PM_{2.5}$ 浓度与肺癌风险的相关性存在性别差异，男性患肺癌风险更容易受到 $PM_{2.5}$ 浓度影响（$PM_{2.5}$ 的浓度每升高 10 微克 / 立方米，男性的肺癌风险就会升高 4.20%，而女性仅为 2.48%）。此外，$PM_{2.5}$ 导致肺癌风险率在全球不同地区的表现也不一样。相对于北美洲以及欧洲，在亚洲 $PM_{2.5}$ 致肺癌风险率较高，而 $PM_{2.5}$ 对肺癌致死率的影响却是北美洲高于亚洲和欧洲。

我国是 $PM_{2.5}$ 污染较为严重的国家，但不同地区的 $PM_{2.5}$ 污染水

图 2.1　大气细颗粒物与肺癌

平也不尽相同。我国东部和南部的 $PM_{2.5}$ 污染较为严重，而西部则相对较好，这和地区发达程度以及人口密度是密切相关的。在以省级行政区为分析单元时发现，肺癌发病率与 $PM_{2.5}$ 浓度水平显著相关，这说明减少 $PM_{2.5}$ 排放对于预防肺癌是十分关键的。在中国，导致肺癌的空气污染类型已由家庭空气污染转为环境空气污染，环境空气污染问题应该受到重视。为有效控制肺癌的发病率及死亡率的上升，中国应该加强实施有效的 $PM_{2.5}$ 防治政策和其他干预措施。

2-1-2　肺部的难"炎"之隐

　　由于具有较大的比表面积，$PM_{2.5}$ 容易吸附许多有毒有害物质。

这些物质既有如重金属、无机盐等无机组分；也有如多环芳烃（PAHs）、挥发性有机化合物（VOCs）等有机组分；还有许多如内毒素、花粉、真菌孢子、病毒和细菌等生物成分。这些复杂的组成成分使得 $PM_{2.5}$ 呈现复合毒性状态。毒理学研究表明，$PM_{2.5}$ 在被人体吸入后能够深入气管并侵入肺泡，通过刺激多个转录因子基因和炎症相关细胞因子基因的过表达，从而引发炎症损伤。

部分流行病学研究表明，暴露于空气污染与肺炎、支气管炎等呼吸道疾病的发病率增加有关。这种相关性在老年人、孕妇、青少年、婴儿、有心肺病史的患者和其他易感人群中则表现得更为明显（图 2.2）。呼出一氧化氮的分数浓度（Fractional exhaled nitric oxide，FeNO）是一种常用的气道炎症敏感生物标志物，流行病学研究表明，FeNO 水平升高与

转录因子

转录因子，是指一类能够结合在基因上游特异核苷酸序列上的蛋白分子，参与调节靶基因转录。

细胞因子

细胞因子，指由免疫细胞和某些非免疫细胞经刺激而合成、分泌的一类具有广泛生物学活性的小分子蛋白质。

过表达

过表达，指的是当基因表达（转录）的严格控制被打乱时，基因可能不恰当被"关闭"，或以高速度进行转录（transcription）。

图 2.2　PM$_{2.5}$污染引发肺部炎症

$PM_{2.5}$ 暴露有关，且存在滞后效应。除了气管及肺部炎症，$PM_{2.5}$ 暴露还会引起机体的整体炎症反应。中国台湾地区一项基于交通警察的职业暴露研究表明，长期暴露于交通空气污染会导致交通警察血液的促炎活性升高，从而增加炎症感染。

此外，体外实验也证明了 $PM_{2.5}$ 暴露会增加肺部感染可能性。据报道，$PM_{2.5}$ 处理过的人肺泡巨噬细胞中相关炎症因子（如 IL-12、IFN-γ）的表达水平较高。芬兰科研人员 Jalava 等人通过收集欧洲 6 个城市的空气颗粒，并与小鼠肺泡巨噬细胞体外培养 24 小时，发现小鼠肺泡巨噬细胞的活力显著下降，并且炎症因子 TNF-α 的表达随着颗粒浓度的增加而增加。英国科研人员 Renwick 等人通过气管滴注方式同样发现了类似的肺泡巨噬细胞毒性效应。这些研究表明 $PM_{2.5}$ 的暴露的确会引起炎症反应。

2-1-3 哮喘——会呼吸的痛

哮喘是一种以气道慢性炎症为特征的异质性疾病，症状通常表现为可逆性的呼气气流受限，从而导致反复发作的喘息、气促、胸闷以及咳嗽等。哮喘多由基因遗传导致，但易受外界环境因素促发，如尘螨、药物、空气污染等。虽然世界卫生组织在 2005 年曾发表报告称："几乎没有证据表明哮喘的患病率 / 发病率与一般空气污染之间存在因果关系"。但是仍然有许多流行病学研究表明 $PM_{2.5}$ 可能会加重哮喘症状（图 2.3）。

英国科学家 Anderson 等人通过队列荟萃分析发现室外 $PM_{2.5}$ 浓度与哮喘的发病率是一致的。兰州大学杨克虎等人通过荟萃分析发

图 2.3　大气细颗粒物与哮喘病

现医院的哮喘急诊就诊次数在 $PM_{2.5}$ 浓度较高时呈现增加趋势，$PM_{2.5}$ 浓度每上升 10 微克/立方米，风险就会上升 1.5%（95% CI：1.2%~1.7%）。并且相对于成人，儿童是更为易感的人群，特别是在温暖的季节。

荟萃分析

荟萃分析，也称Meta分析，用于比较和综合针对同一科学问题研究结果的统计学方法。

　　在生物医学上，关于空气污染与哮喘发病率之间的正相关关系有两种解释。一种是空气污染导致了新的哮喘产生；另一种则是空气污染通过恶化机制，使得哮喘的病症由亚临床（潜伏）状态发展为临床状态（发病），从而导致发病率增加。虽然相关发病机理并不明确，但 $PM_{2.5}$ 污染对哮喘的负面影响仍然是不可忽视的。

2-1-4 不只是香烟——慢阻肺预防

慢性阻塞性肺疾病（chronic obstructive pulmonary disease，慢阻肺）是一种常见的以持续气流受限为特征的疾病，临床表现为慢性咳嗽、咳痰、气短、胸闷等症状，并且可进一步发展为肺心病和呼吸衰竭。慢阻肺是我国第三大常见慢性病，仅次于高血压和糖尿病。王辰院士团队于 2018 年在国际权威期刊《柳叶刀》（*The Lancet*）上发表"中国成人肺部健康研究"成果，指出我国目前慢阻肺患者约有 1 亿人，大约占全世界患者人数的 25%。

香烟烟雾被广泛认为是慢阻肺重要的致病因素，但是只有大约 15%~20% 的吸烟者最终可能患上慢阻肺，并且大约 25%~45% 的慢阻肺患者不吸烟。大量流行病学证据表明，包括 $PM_{2.5}$ 在内的环境颗粒物空气污染同样也是慢阻肺的主要风险因子（图 2.4）。从 1990 年到 2019 年，全球范围内的吸烟水平下降了 27.5%，而环境 $PM_{2.5}$ 污染的暴露水平却增加了 41.2%。这意味着 $PM_{2.5}$ 对慢阻肺的影响越来越不可忽视。$PM_{2.5}$ 不仅与慢阻肺的发病率和死亡率有关，而且还会加重慢阻肺患者的症状，如引起呼吸短促、咳嗽和喘息等等。

一项基于全球数据的研究显示，与 1990 年相比，2019 年可归因于环境 $PM_{2.5}$ 污染的慢阻肺死亡和伤残调整寿命年（disability-adjusted life years，DALYs）数量几乎翻了一番。此外，$PM_{2.5}$ 对慢阻肺的影响还呈现性别及年龄差异。其中，男性比女性更容易受到影响，老年人比

图 2.4 大气细颗粒物与慢阻肺

年轻人更容易受到影响。值得注意的是，$PM_{2.5}$ 对慢阻肺的影响还受到经济，政治等多因素的影响。

$PM_{2.5}$ 导致慢阻肺的核心机制是氧化应激，进而诱导炎症并最终导致细胞损伤或凋亡。此外，$PM_{2.5}$ 污染

> **伤残调整寿命年**
>
> 伤残调整寿命年，是指从发病到死亡所损失的全部健康寿命年，包括因早死所致的寿命损失年（YLL）和疾病所致伤残引起的健康寿命损失年（YCD）两部分。

还可通过肺部炎症，进一步降低患者肺功能，从而加重慢阻肺症状。一项以中国台湾 13 万成年人为人群队列的研究显示，$PM_{2.5}$ 每下降 5 微克／立方米，相应的慢阻肺风险率则降低 12%。这表明改善空气质量对于防治慢阻肺具有重要意义（图 2.5）。

图 2.5　PM~2.5~ 引发慢阻肺疾病

2-1-5 不是癌症的"癌症"——肺纤维化

　　肺纤维化是一种严重的肺间质性疾病，是指肺部出现成纤维细胞增殖及大量细胞外基质聚集的现象，并伴随着炎症损伤和组织结构破坏的特征，这是由于损坏的肺泡组织经过异常修复而导致的结构异常。肺纤维化患者病症表现为干咳、呼吸困难等，且致死率高，诊断后的平均生存期仅 2.8 年，被称为"类肿瘤疾病"。

　　虽然目前医学上对于肺纤维化的主要病因并不明确，但是流行病学研究显示长期暴露于 $PM_{2.5}$ 污染会增加肺纤维化的发病风险及患者死亡风险（图 2.6）。首都医科大学童朝晖团队针对北京地区 2013 年

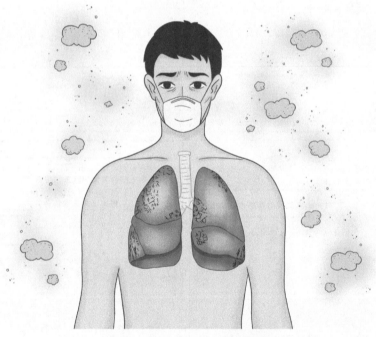

图 2.6　大气细颗粒物与肺纤维化

至 2017 年期间空气质量与肺纤维化患者住院率之间关系展开调查研究，发现高浓度 $PM_{2.5}$ 急性暴露与特发性肺纤维化患者住院率显著相关。此外，$PM_{2.5}$ 污染暴露还可能导致肺纤维化病情的急性恶化。

氧化应激和炎症反应被认为是 $PM_{2.5}$ 诱导肺纤维化的可能通路机制。大气细颗粒物在深入肺部组织并沉积后，其中的有毒有害组分可能引起或增强氧化应激、肺部自噬反应及炎症反应，进而引起或加重肺纤维化发病进程。通过筛选肺纤维化差异表达基因，*RAB6* 被发现是一个在肺纤维化患者中高表达的基因。小鼠经 $PM_{2.5}$ 污染

氧化应激

氧化应激，指体内氧化与抗氧化作用失衡的一种状态，倾向于氧化，导致中性粒细胞炎性浸润，蛋白酶分泌增加，产生大量氧化中间产物。

炎症反应

炎症反应，指机体对于刺激的一种防御反应，表现为红、肿、热、痛和功能障碍。

暴露后会诱发肺部炎症和早期纤维化症状。进一步对 *RAB6* 进行敲除处理后，$PM_{2.5}$ 诱导的小鼠肺组织氧化应激、凋亡及纤维化得到了有效抑制。

2-2 大气细颗粒物也会令人"上头"?

2-2-1 "百年孤独"——阿尔茨海默病

阿尔茨海默病高发人群为 70 岁以上老人，因此也被称为老年痴呆症，是一种起病隐匿的神经退行性疾病，临床特征为记忆障碍、执行功能障碍等全面性痴呆表现。20 世纪以来，随着社会医疗的发展，人类的寿命显著延长，阿尔茨海默病的发病率也急剧上升。预计到 2050 年，全球阿尔茨海默症的患病人数将超过 1 亿人。虽然关于阿尔茨海默病的发病有很多假设，但潜在的病理机制尚不清楚。

除了遗传因素以外，环境污染同样是阿尔茨海默病不可忽视的一个风险因素。其中，长期暴露于大气细颗粒物污染会导致老年人认知功能受损，加速认知能力下降，最终影响阿尔茨海默病的发病及加重疾病的发展（图 2.7 和图 2.8）。从 2000 年到 2016 年，美国一项涉及 6000 万人群数据的队列研究显示，$PM_{2.5}$ 污染与阿尔茨海默病的患病住院风险呈正相关关系，$PM_{2.5}$ 浓度每上升 5 微克 / 立方米，相对应的阿尔茨海默病的患病住院风险就升高 13%（95% CI：12%~14%）。与阿尔茨海默病相关的淀粉样蛋白 β42（Aβ42）以及 tau 蛋白等生物标志物可以用来指示疾病发展。人群研究发现，来自污染严重地区的人群脑脊液样本中 Aβ42 水平较低，但 tau 蛋白

图 2.7　大气细颗粒物与阿尔茨海默病

以及 α- 突触核蛋白含量却较高，指示其相应的阿尔茨海默病风险也更高。

　　$PM_{2.5}$ 中的磁性颗粒组分被认为是阿尔茨海默病的一个重要环境风险因子。2016 年《美国科学院院刊》（*PNAS*）发表的一篇文章首次报道了在人类大脑中发现外源磁性铁颗粒的现象，这些球形且具有晶体结构的磁性铁颗粒通常来源于交通源空气污染。磁性颗粒可能通过嗅球到达大脑组织，与自由基粒子在大脑中发生反应，进而导致脑细胞氧化，最终引起阿尔茨海默病等神经系统疾病的发生。

图 2.8　PM$_{2.5}$ 污染是阿尔茨海默病的帮凶

2-2-2 守护星星的孩子

自闭症是广泛性发育障碍的一类疾病，也被称为孤独症或孤独性障碍。儿童是自闭症多发人群，且患病率存在着性别差异（男孩是女孩发病率的 3~4 倍）。自闭症的临床表现为社交障碍，交流障碍，兴趣狭窄等。自闭症的风险因素主要有遗传、孕期感染等。已有许多研究表明环境因素对自闭症易感性有显著影响，其中暴露于大气颗粒物可能会影响神经发育，从而可能导致自闭症的发病率升高（图 2.9 和图 2.10）。

一些临床研究发现，孕妇产前暴露于 $PM_{2.5}$ 污染可能会增加后

图 2.9　大气细颗粒物与自闭症

图 2.10　警惕 PM$_{2.5}$ 污染引发的自闭症风险

代罹患自闭症的风险。Raz 等人在美国开展的一项病例 - 对照研究表明产前暴露 $PM_{2.5}$ 浓度每上升 4.42 微克 / 立方米，相应的自闭症患病风险上升 57%（95% CI: 22%~103%），并且在孕晚期暴露风险是更高的。Volk 等人在美国加利福尼亚州开展的一项研究显示：生命早期 $PM_{2.5}$ 暴露浓度每上升 8.7 微克 / 立方米，婴幼儿自闭症患病风险上升 112%（95% CI: 45%~210%）。这说明产后 $PM_{2.5}$ 暴露同样会导致婴幼儿自闭症患病风险增加。国内针对自闭症与 $PM_{2.5}$ 暴露风险的研究开展相对较晚。莫纳什大学郭玉明研究团队在上海开展了一项病例 - 对照研究，发现产后暴露于 $PM_{2.5}$ 污染会显著增加自闭症的患病风险，$PM_{2.5}$ 浓度每上升 3.4 微克 / 立方米，患病风险升高 78%（95% CI: 14%~176%），并且这种风险效应在产后两三年更为显著。

$PM_{2.5}$ 污染增加自闭症患病风险的机制目前尚不明晰。神经炎症在自闭症发病中具有重要作用，与健康对照组相比，自闭症患者中神经炎症水平升高，表现为脑组织的小胶质细胞数量增加。此外，炎症

炎症生物标志物

炎症生物标志物，指机体受到微生物入侵或组织损伤等炎症性刺激时，机体内含量骤然升高的蛋白，如促炎因子等。

生物标志物（如促炎因子等）在大脑各区域、脑脊液以及血清中的水平也是呈现升高趋势。此外，$PM_{2.5}$ 还可能通过诱导基因表达改变及诱发氧化应激效应来增加自闭症患病风险。

🔁 2-2-3 携手同行，不再害"帕"

　　帕金森病平均发病年龄为 60 岁左右，是一种在老年群体中比较多见的神经退行性疾病。预计到 2030 年，我国帕金森病患者将增加到 494 万，占全球帕金森病患者的一半。帕金森病的病理特征为中脑黑质致密部的多巴胺能神经元发生变性死亡，从而引起多巴胺含量显著减少。$PM_{2.5}$ 污染等环境因素可能对这一过程产生影响，进而导致帕金森病的发病率升高。

　　虽然目前关于 $PM_{2.5}$ 污染与帕金森病发病率相关性的研究并没有定论，但仍有许多研究表明暴露于 $PM_{2.5}$ 污染中会导致帕金森病的发病率升高。在 2001 年到 2013 年期间，一项针对加拿大安大略省居民开展的人群队列研究发现 $PM_{2.5}$ 浓度每上升 3.8 微克 / 立方米，相应的帕金森病患病率升高 4%（95% CI: 1%~8%）。美国北卡罗来纳州的一项人群队列研究同样发现帕金森病发病率与居住地 $PM_{2.5}$ 浓度存在正相关关系。近期，一项涉及六个欧洲国家的队列研究同样显示了类似的结果（浓度每上升 5 微克 / 立方米，患病风险上升 26%，95% CI: 3%~55%）。

　　通过对脑组织样品进行分析检测，可以发现生活在高污染区域的居民脑组织中出现 β 淀粉样蛋白增多、tau 蛋白过度磷酸化以及 α- 突触核蛋白聚集等现象。这些变化与帕金森病等神经退行性疾病的发病机制有关。此外，动物实验研究也表明，暴露于高 $PM_{2.5}$ 污染环境中会导致中脑中的 α- 突触核蛋白水平升高，黑质中多巴胺能神经元丧失，以及大脑中促炎因子的增多，这与帕金森病患者大脑中的神经病理变化非常相似，指示大气细颗粒物与人群帕金森病发病相关。这些

研究表明控制大气 $PM_{2.5}$ 浓度对于帕金森病的防治是十分必要的。

2-2-4 突然记性变差？警惕轻度认知障碍！

轻度认知障碍是一种介于正常衰老和痴呆之间的认知障碍症候群，主要分为遗忘型轻度认知障碍和非遗忘型轻度认知障碍。人群的流行病学研究显示，轻度认知障碍在 65 岁以上的老年人中的患病率为 3%~19%。虽然患者的日常能力没有受到明显影响，但存在轻度认知功能减退等症状。随着全球人口老龄化的加重，这一问题日益突出。

已有研究报道 $PM_{2.5}$ 污染会损害老年人的认知能力，引发轻度认知障碍。一项针对韩国老年人的横断面研究显示 $PM_{2.5}$ 浓度与老年人的认知能力呈负相关关系，$PM_{2.5}$ 浓度每升高 2 微克 / 立方米，相关风险上升 128%（95% CI：60%~226%）。美国匹兹堡大学针对 65 岁以上老年人的随访研究同样发现了类似的现象，即较高的 $PM_{2.5}$ 污染会带来更高的轻度认知障碍风险，特别是较高浓度 $PM_{2.5}$ 的长期暴露。需要注意的是，$PM_{2.5}$ 短期暴露风险同样不可忽视。2021 年，一篇发表在《自然 - 衰老》（*Nature Aging*）上的文章报道称，$PM_{2.5}$ 的短期暴露同样会损伤老年男性人群的认知功能。但 $PM_{2.5}$ 浓度与认知能力损伤之间并不是呈简单线性关系的。当 $PM_{2.5}$ 浓度较低时（≤10 微克 / 立方米），认知损伤随 $PM_{2.5}$ 变化明显；当 $PM_{2.5}$ 浓度较高时，认知损伤情况则相对稳定。这也说明低 $PM_{2.5}$ 污染带来的危害同样是不可小觑。德国罗斯托克大学研究人员针对生活在污染较低的荷兰北部居民进行随访研究发现，即使 $PM_{2.5}$ 水平低于欧盟的限值（25 微克 / 立方米）也会对大脑造成损伤。但是还有一些研究报道称 $PM_{2.5}$ 污染与轻度认

图 2.11　大气细颗粒物与轻度认知障碍

知障碍没有显著相关性，这说明 $PM_{2.5}$ 污染对轻度认知障碍的影响仍需进一步进行探究（图 2.11）。

研究显示在 $PM_{2.5}$ 短期暴露后，使用非甾体抗炎药（尤其是阿司匹林）的人受到认知损伤会比不用药的人更少。但需要注意，非甾体抗炎药本身并不会

非甾体抗炎药

非甾体抗炎药，指一类不含有甾体结构的抗炎药，例如阿司匹林。

影响老年人群的认知能力。虽然可以有效缓解 $PM_{2.5}$ 污染对认知能力的损伤，但此类药品的过量使用同样可能会增加认知功能衰退的风险。

2-3 警惕"头号杀手"——心脑血管疾病

2-3-1 小东西也会让人"血压飙升"？

高血压是一种常见的慢性疾病，其主要特征是体循环动脉血压增高，可能会显著加剧心脏、大脑和肾脏等疾病的患病风险。世界卫生组织报告称：2019 年全球 30~79 岁高血压患者已达到了 12.8 亿人，且 82% 的高血压患者是生活在中低收入国家。国家心血管病中心发布的《中国心血管健康和疾病报告 2021》中显示 2015 年我国 18 岁以上高血压患病人数达到 2.45 亿人。到了 2017 年，中国死于收缩压升高的人数就已经达到 254 万人。

北京协和医院范中杰团队通过对相关文献进行荟萃分析，发现血压与 $PM_{2.5}$ 浓度呈正相关关系（图 2.12 和 2.13）。$PM_{2.5}$ 浓度每升高 10 微克 / 立方米，相应的收缩压升高 1.393 mm Hg（1 mm Hg=0.133 kPa）（95% CI：0.874~1.912），舒张压升高 0.895 mm Hg（95% CI：0.49~1.299）。相对于短期暴露，$PM_{2.5}$ 的长期暴露对血压带来的影响更大。2014 年一篇发表于医学权威期刊《循环》（Circulation）上的文章报道称高血压患病风险与 $PM_{2.5}$ 浓度变化呈正相关关系，$PM_{2.5}$ 浓度每升高 10 微克 / 立方米，就会引起高血压患病风险升高 13%（95% CI：5%~22%）。此外，2020 年《循环》上发表的另一篇文章同样揭

图 2.12　大气细颗粒物与高血压

示了 $PM_{2.5}$ 对高血压的暴露风险。该研究针对中国台湾 14 万成年人队列展开随访研究，结果显示居住地区的 $PM_{2.5}$ 浓度越高，患上高血压风险也越高。因此相比于发达国家，中低收入国家高血压患病率高的部分原因可能与发展中国家的 $PM_{2.5}$ 暴露风险更高相关。

　　$PM_{2.5}$ 暴露引发高血压的致病机制目前尚未明确。科学家们推测可能是由于 $PM_{2.5}$ 在进入心血管系统后引起动脉血管内皮细胞慢性损伤和炎症反应，从而刺激血管平滑肌细胞增生以及动脉血管硬化，血管舒缩功能受损，最终造成血压升高。

图 2.13　不可忽视的高血压患病风险——PM₂.₅ 污染

↻ 2-3-2 PM$_{2.5}$ 也会使血管"交通堵塞"？

从广义上来讲，动脉粥样硬化是一种由脂质代谢障碍引起的免疫炎症性疾病。主要病症表现为动脉内膜出现脂质等血液成分的沉积、平滑肌细胞的增生以及胶原纤维的增多，进而形成粥糜样含脂坏死病灶和血管壁硬化。在全球范围内，西太平洋地区（包括我国在内）的患动脉粥样硬化病人数是相对较多的。动脉粥样硬化通常是指由脂质代谢障碍引起的免疫炎症性疾病。主要病症表现为动脉内膜出现脂质等血液成分的沉积、平滑肌细胞的增生以及胶原纤维的增多，进而形成粥糜样含脂坏死病灶和血管壁硬化。动脉粥样硬化被形象比喻为引起血管"交通堵塞"。长期以来，血液中的胆固醇水平升高被认为是动脉粥样硬化风险增加的重要影响参数。然而最近的研究发现，动脉粥样硬化程度与胆固醇浓度变化并没有呈现显著的相关关系，而炎症逐渐被认为是动脉粥样硬化发生的重要影响因素。

流行病学研究表明 PM$_{2.5}$ 浓度与动脉粥样硬化发生存在显著相关性，PM$_{2.5}$ 可能会促进动脉粥样硬化的发病。颈动脉内膜 - 中膜厚度（CIMT）是一项临床上的动脉粥样硬化标志物。2005 年瑞士科学家 Künzli 团队在国际权威期刊《环境健康展望》（*Environmental Health Perspectives*）上首次报道了关于动脉粥样硬化和 PM$_{2.5}$ 之间关系的流行病学研究，发现 PM$_{2.5}$ 暴露浓度与 CIMT 增加密切相关，PM$_{2.5}$ 浓度每升高 10 微克 / 立方米，就会导致 CIMT 增加 5.9%（95% CI：1%~11%）。在这之后，有越来越多的研究工作从不同标志物角度报道了动脉粥样硬化与 PM$_{2.5}$ 暴露的关系。这些研究有力地证明了 PM$_{2.5}$ 与动脉粥样硬化发生的相关性。

PM$_{2.5}$ 引起动脉粥样硬化的主要致病机制可能是氧化应激、炎症、内皮功能障碍以及脂质代谢异常等（图 2.14）。虽然 PM$_{2.5}$ 中的有机组分（如多氯联苯等持久性有机污染物）可能与动脉粥样硬化关系更密切，但是无机组分（如重金属等）对动脉粥样硬化的影响同样不可忽视。中国最近的一项研究报告显示 PM$_{2.5}$ 中铁元素浓度每增加 0.51 微克/立方米，将导致氧化修饰的低密度脂蛋白水平（ox-LDL）升高 1.9%（95% CI：0.2%~3.7%），这意味着 PM$_{2.5}$ 的金属成分可能会促进动脉粥样硬化的发生。

2-3-3 预防 PM$_{2.5}$，从"心"出发

心脏病是一类常见的心血管疾病，是所有心脏疾病的总称，包括冠心病、先天性心脏病、高血压心脏病以及风湿性心脏病等等，临床表现为心悸、呼吸困难、咳嗽、咯血以及胸痛等。世界卫生组织于 2020 年发表的《2019 年全球卫生估计报告》称，心脏病在过去 20 年中一直是全球的首要死因，占所有死因总数的 16%。1990~2017 年间，我国冠心病已经逐步成为了中国疾病负担的主要影响因素之一。值得注意的是，心脏病引起的死亡率存在着城乡差异。国家心血管病中心发布的《中国心血管健康和疾病报告 2021》称，2019 年农村心脏病死亡率为 164.66/10 万，而城市心脏病死亡率为 148.51/10 万。

越来越多的研究表明 PM$_{2.5}$ 是心脏病的一个明确风险因素（图 2.15）。PM$_{2.5}$ 的长期暴露和短期急性暴露都与冠心病的发病率以及死亡率升高密切相关。从全球尺度上看，受 PM$_{2.5}$ 影响的冠心病负担在

图 2.14　PM$_{2.5}$污染引发的动脉粥样硬化

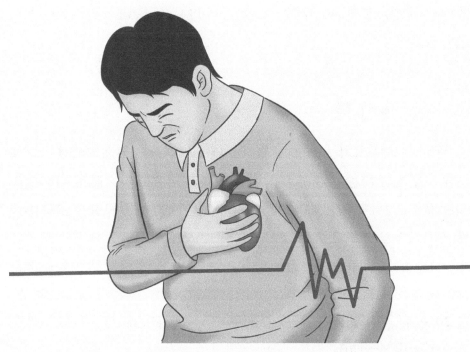

图 2.15 大气细颗粒物与心脏病

社会发展水平高的国家是呈逐渐下降趋势，而社会发展水平较低的国家则呈现相反趋势。这种地域差异可能归因于 $PM_{2.5}$ 污染控制以及预防药物使用的不同。此外，$PM_{2.5}$ 污染对冠心病的影响还存在着性别差异，男性冠心病负担更易受到 $PM_{2.5}$ 污染的影响。

中国疾病预防控制中心王立军团队针对我国冠心病与 $PM_{2.5}$ 污染情况展开研究，发现 $PM_{2.5}$ 污染与冠心病引起的生命损失年数存在着显著正相关关系，$PM_{2.5}$ 浓度每升高 10 微克／立方米，就会导致冠心病引起的寿命损失年相应增加 0.4（95% CI：0.28~0.51）。随后作者进一步探究发现，如果对 $PM_{2.5}$ 污染水平进行控制，那么可以有效减少冠心病引起的生命损失年数。因此，对 $PM_{2.5}$ 污染进行防治是必要且迫切的。

⟳ 2-3-4 烟雾弥漫，当心中风

中风学名脑卒中或脑血管意外，是一种急性的脑血管疾病，通常是由于脑部血管栓塞或破裂出血导致血液无法流入大脑而引起的脑组织损伤。2019 年全球疾病、伤害和风险因素负担研究报道称中风目前仍然是全球第二大死因，占总死亡人数的 11%，并且近三十年来，中风的发病率也是在逐步升高的。《中国心血管健康和疾病报告2021》指出：在过去 20 年间，我国脑血管病死亡率呈逐渐上升趋势。在 2019 年，中风已经是导致我国死亡人数最多的疾病，且农村地区死亡率明显高于城市。

2015 年国际权威期刊《英国医学期刊》(The BMJ) 报道了一项涉及 28 个国家的关于中风与空气污染的全球性荟萃分析研究，$PM_{2.5}$的急性暴露会导致中风的住院率及死亡率上升（图 2.16），$PM_{2.5}$ 浓度每上升 10 微克 / 立方米，相应的中风风险就会升高 1.1%（95% CI：1.1%~1.2%）。与急性暴露相比，长期暴露于 $PM_{2.5}$ 污染与中风之间的关系仍存在着争议。1989~2006 年期间，一项全美范围的队列研究报告显示 $PM_{2.5}$ 与中风之间并没有统计学上的关联。但是还有许多研究报道称 $PM_{2.5}$ 是一个不可忽视的中风风险因子。2017 年国际知名期刊《脑卒中》(Stroke) 杂志上发表了一项包含 4.5 万多人的前瞻性队列研究，研究结果显示 $PM_{2.5}$ 的长期污染暴露会导致中风风险升高，约

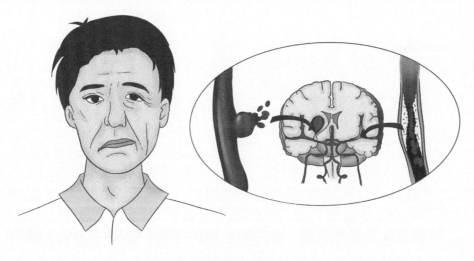

图 2.16 大气细颗粒物与中风

有 6.55% 的中风病例可归因于 PM$_{2.5}$ 污染。北京大学高培研究团队于 2018 年首次针对中国空气污染与缺血性中风风险展开全国性系统研究，研究结果显示 PM$_{2.5}$ 浓度每上升 10 微克 / 立方米，相应的缺血性中风住院风险就会升高 0.34%（95% CI: 0.20%~0.48%）。类似的，北京大学郭新彪团队同样发现 PM$_{2.5}$ 污染会导致居民中风风险增加，并且发现女性人群以及老龄人群更容易受到 PM$_{2.5}$ 污染的影响。

2-4 大气细颗粒物与其他疾病不得不提的"秘密"

2-4-1 新冠病毒感染的"顺风车"

新型冠状病毒感染是一种由新型冠状病毒（SARS-CoV-2）感染引起的急性呼吸道传染病，简称"新冠病毒感染"（COVID-19）。新型冠状病毒感染主要症状表现为发热、干咳、乏力等，重症患者可能出现呼吸困难、多器官功能衰竭等症状，甚至威胁生命安全。截至2022 年 11 月，全球新冠病毒感染确诊病例已超过 6 亿，累计造成超过 660 万人死亡。

一项针对意大利全国的流行病学调查研究表明，$PM_{2.5}$ 浓度每上升 1 微克 / 立方米，新冠病毒感染患病人数就会增加大约 1.56 万人。$PM_{2.5}$ 污染同样也会导致新冠病毒感染的死亡风险升高（图 2.17）。2020 年发表在国际著名期刊《科学进展》（*Science Advances*）上的一项研究分析了美国 3000 多个县区，结果发现 $PM_{2.5}$ 的长期暴露会导致新冠病毒感染的死亡风险升高，$PM_{2.5}$ 浓度每上升 1 微克 / 立方米，新冠病毒感染死亡率就会显著上升 11%（95% CI: 6%~17%）。此外，$PM_{2.5}$ 污染与新冠病毒感染死亡率的正相关关系存在着滞后效应，中国矿业大学邵龙义等人在分析武汉疫情期间 $PM_{2.5}$ 污染与新冠病毒感染关系时，发现两者存在着超过 18 天的滞后期，且受到其他气象因素的影响，

图 2.17　大气细颗粒物与新冠病毒感染

如温度、气压以及风速等等。

　　为什么 $PM_{2.5}$ 污染会让新冠病毒感染疫情加剧？美国国立卫生研究院的一项实验模拟研究表明，新冠病毒可在气溶胶中存活达 3 个小时，这为新冠病毒的空气传播提供了可能，从而导致新冠病毒感染发病率的升高。此外，$PM_{2.5}$ 污染可能会损害新冠病毒感染患者的机体免疫功能，削弱肺部清除病毒的效率，从而加重新冠病毒感染患者的病情，严重时甚至导致新冠病毒感染患者死亡率的升高（图 2.18）。

图 2.18　新冠病毒的顺风车——PM$_{2.5}$污染

⟳ 2-4-2　预防 PM$_{2.5}$ 污染暴露，关爱未来

　　早产是指妊娠周期不足 37 周的分娩，此时出生的婴儿被称为"早产儿"。早产的临床症状表现为子宫收缩，并伴有出血等症状。根据世界卫生组织的报告，2010 年全球大约有 1500 万婴儿早产，这个数字还在逐年上升。由于过早分娩，婴儿的各个器官发育尚不够健全，很容易患上各种并发症，甚至会因此导致死亡。2015 年，全球大约有 100 万儿童死于早产并发症。

　　2017 年一项发表在国际权威期刊《柳叶刀》上的研究结果表明，产前 PM$_{2.5}$ 污染暴露会对分娩过程产生影响，并可能增加早产风险（图 2.19）。该研究针对我国河南省的大型分娩队列（大约 24.4 万例）进行研究发现，分娩前 4 周 PM$_{2.5}$ 浓度每升高 10 微克/立方米，相应的早产风险增加至 5.94%（95% CI: 5.00%~6.88%）。2019 年《柳叶刀》上另一项针对我国全国尺度的队列研究，同样表明产前 PM$_{2.5}$ 污染暴露可能会增加早产风险，特别是对于辅助生殖技术孕育的胎儿。值得注意的是，不同地区与国家在 PM$_{2.5}$ 相关早产负担方面的表现是不同的，且差异巨大。基于 2019 全球疾病负担数据库进行回顾性分析发现，南亚、北非和中东、撒哈拉以南非洲西部以及撒哈拉以南非洲南部的 PM$_{2.5}$ 相关早产负担是非常高的，这可能与社会发展水平有关。

　　PM$_{2.5}$ 进入孕妇体内可能引起氧化应激、炎症反应、DNA 甲基化以及产生内分泌干扰等效应，从而导致早产等不良妊娠结果。此外，PM$_{2.5}$ 以及其所携带的外源化合物可能穿过胎盘屏障从而到达胎儿侧，对胎儿发育产生潜在影响。比利时哈塞尔特大学的研究团队通过高分

图 2.19　大气细颗粒物与早产

辨率成像发现，妊娠期间暴露于空气污染中的孕妇，其胎盘靠近胎儿侧发现有大气细颗粒物的存在。

2-4-3　空气不干净也会导致大腹便便？

非酒精性脂肪性肝病是一种获得性代谢应激性肝损伤，现已更名为代谢相关脂肪性肝病。其主要临床病理特征表现为由非酒精及其他明确的损肝因素所引起的肝细胞内脂肪过度沉积。代谢相关脂肪性肝病也被称为是"富贵病"，主要在欧美等发达国家以及我国富裕地区高发。2016 年一篇发表在胃肠肝病学顶级期刊《肝脏病学》（*Hepatology*）上的文章荟萃分析总结了 1989 年到 2015 年发表的代谢相关脂肪性肝病相关研究，发现代谢相关脂肪性肝病的全球患病率约为 25.24%（95% CI：22.10%~28.65%）。代谢相关脂肪性肝病可进一步发展为终末期肝病和肝癌，给社会带来巨大的经济和医疗负担。

　　PM$_{2.5}$ 污染可能会增加代谢相关脂肪性肝病的患病风险（图 2.20）。一项针对美国 2001 年至 2011 年全国住院情况开展的横断面研究表明，PM$_{2.5}$ 浓度每上升 10 微克 / 立方米，代谢相关脂肪性肝病风险就会显著上升 24%（95% CI：15%~33%）。南方科技大学梁凤超团队针对英

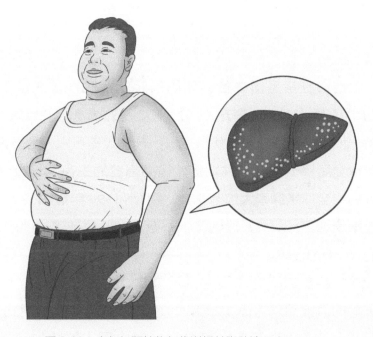

图 2.20　大气细颗粒物与代谢相关脂肪性肝病

国大规模队列 Biobank 进行分析，同样发现长期暴露于空气污染会导致代谢相关脂肪性肝病的风险升高。$PM_{2.5}$ 污染相关的代谢相关脂肪性肝病风险还受到其他混杂因素的影响。基于中国多民族的前瞻性队列研究（CMEC），四川大学华西公共卫生学院赵星团队发现，男性、有吸烟史以及高脂肪饮食者更容易受到 $PM_{2.5}$ 污染的影响，导致代谢相关脂肪性肝病的患病风险更为显著（图 2.21）。

　　$PM_{2.5}$ 影响代谢相关脂肪性肝病的潜在分子机制目前尚不明晰。氧化应激、炎症反应以及胰岛素抵抗被认为是可能的致病机制。其中，$PM_{2.5}$ 可能通过内皮功能障碍触发胰岛素抵抗，影响肝胰岛素信号通路并抑制过氧化物酶体增殖物激活受体的表达，进而诱发肝细胞脂肪变性。

2-4-4　发生了"肾"么事？

　　慢性肾脏病是指由各种原因引起的肾脏损害或肾小球滤过率（GFR）下降［即 <60 毫升 /（分 · 1.73 平方米）］，并且病情超过 3 个月的一种疾病。慢性肾脏病根据肾小球滤过率可以分为五期，早期治疗可以显著降低患者的并发症，提高患者的生存率。2017 年，慢性肾脏病的全球患病率大约有 9.1%，相比 1990 年增加了 29.3%，其间死亡率增加了 41.5%，达到了 120 万人，并导致了 3580 万残疾调整生命年（DALYs）。

　　越来越多的研究表明空气污染物，尤其是 $PM_{2.5}$，可能是慢性肾脏病的风险因素（图 2.22）。2019 年国际权威医学期刊《柳叶刀》（*The Lancet*）上发表的一篇文章针对中国人群队列开展研究，发

图 2.21 "富贵病"也会受 PM₂.₅ 污染影响

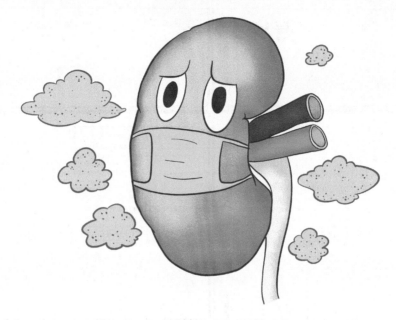

图 2.22　大气细颗粒物与慢性肾脏病

现 $PM_{2.5}$ 浓度与慢性肾脏病的患病率呈显著正相关关系，$PM_{2.5}$ 浓度每上升 10 微克 / 立方米，相应的患病风险升高 33%（95% CI：25%~41%），其中，男性吸烟者的患病风险高。那么改善空气质量是否有助于减少慢性肾脏病的疾病负担呢？答案是肯定的。国际著名期刊《环境科学与技术》（*Environmental Science & Technology*）于 2021 年 4 月发表的一项中国台湾队列人群的研究表明，减少空气污染可以有效地防止慢性肾脏病的发展，环境中的 $PM_{2.5}$ 浓度每下降 5 微克 / 立方米，相应的患病风险大约下降 25%。

　　$PM_{2.5}$ 污染诱导慢性肾脏病的致病机制很可能与心血管疾病的机制部分相似，通过诱发人体氧化应激以及全身炎症，并进一步导致间质纤维化、肾小管萎缩、肾小球硬化以及内皮损伤等，最终诱发慢性肾脏病。

2-4-5 小心"致盲吹箭"——青光眼

青光眼是一组以视神经乳头萎缩及凹陷、视野缺损及视力下降为共同特征的疾病。其主要症状表现为眼胀、眼痛、畏光、流泪、头痛、视力锐减等。青光眼是导致失明的主要眼科疾病之一，2013 年全球约有 6430 万人受到青光眼的影响，这一人数在 2040 年将达到 1.118 亿。

中山大学黄文勇团队通过分析全球疾病负担 2015（GBD2015）数据库，首次揭示了空气污染与青光眼之间的相关性（图 2.23）。在 2019 年，英国研究人员通过随访调查方式统计分析了 11 万英国居民的眼科健康情况，发现居住在 $PM_{2.5}$ 浓度较高地区的居民患有青光眼的比例较高，这表明 $PM_{2.5}$ 污染可能会导致青光眼患病风险升

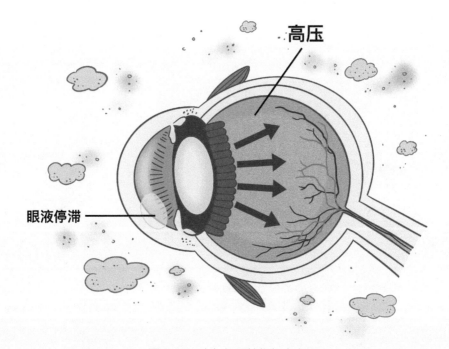

图 2.23 大气细颗粒物与青光眼

高。一项中国台湾纵向人群队列研究在排除青光眼混杂危险因素后，进一步确定 $PM_{2.5}$ 污染与青光眼患病风险密切相关。

　　眼睛是直接暴露在外部环境中的器官之一，$PM_{2.5}$ 污染暴露可引起眼部压力和炎症反应。此外，$PM_{2.5}$ 污染还可能影响转化生长因子 -β2（TGFβ2）的生成，进而影响青光眼的发展。值得注意的是，经眼部暴露后，$PM_{2.5}$ 还可能通过嗅球 - 脑途径或血液循环进入大脑。减少空气污染暴露、定期体育锻炼、多吃蔬菜以及改善生活质量等措施可以有效降低青光眼的患病风险。

第 *3* 章

空气中的毒物?

空气中的细颗粒物是危害生命健康的重要"凶手",在前一章我们就 $PM_{2.5}$ 污染与疾病的关系进行了阐述。但这些我们肉眼都不可见的细颗粒物,究竟是如何将我们的健康置于威胁之中呢?

在本章我们将揭示 $PM_{2.5}$ 经呼吸等暴露途径后在人体内的"旅程",并进一步揭示其引发的毒性效应。例如,呼吸系统毒性、心血管毒性、神经毒性、内分泌系统毒性、发育毒性,甚至致癌致突变等。了解这些毒性效应能够帮助我们更好地认识 $PM_{2.5}$ 暴露所产生的全局健康影响。

本章作者:张伟灿,刘娅聪

3-1 大气细颗粒物的体内旅程

生物体是一个极为复杂、精巧的体系。大气细颗粒物进入生物体内会经历怎样的历程呢？生物体内不同的系统、器官、组织以及细胞等之间相互联系，形成复杂的网络，可能会对进入体内的大气细颗粒物产生不同的响应，同时这些响应反过来也会对网络本身造成影响。本章将揭秘大气细颗粒物在人体内的旅程。沿着这条旅程，我们将探索大气细颗粒物在人体内的奇妙经历，包括"进出""穿越"层层障碍、分布和变化等一系列全生命周期过程（图 3.1 ）。

3-1-1 从"空气伤害者"到"体内逃犯"

呼吸暴露是空气中的细颗粒物进入人体的主要暴露途径。空气中的颗粒物随着呼吸进入我们的呼吸道，粒径较大的颗粒物会被呼吸道所捕获和沉积。PM$_{2.5}$

可入肺颗粒物

可入肺颗粒物，指经呼吸暴露可以进入肺部的颗粒物。

也被称为"可入肺颗粒物"。一部分 PM$_{2.5}$ 会被呼吸道黏液纤毛截留并从体内清除，而另一部分则会通过呼吸道进入人的肺部，在肺部进

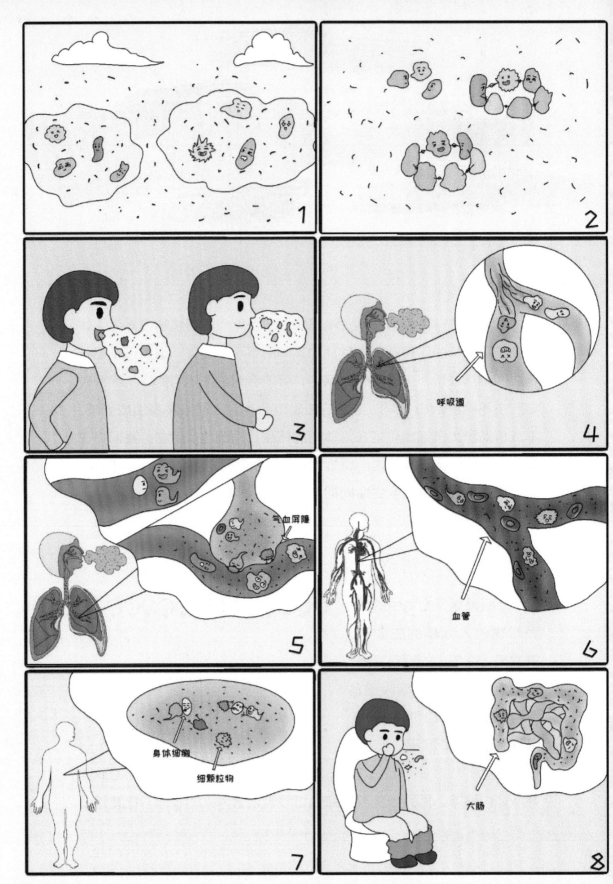

图 3.1　大气细颗粒物的体内旅程

一步沉积。其中，粒径小于 100 纳米的颗粒物被称为超细颗粒物。这些纳米尺度的小颗粒，甚至能够穿透生物屏障，进入体内，到达远端的器官和组织，进而对人体健康造成更大的危害。此外，胃肠道、皮肤甚至眼部等也可能是空气中细颗粒物进入人体的途径。

3-1-2　细颗粒物的生物大逃亡：穿越生物屏障

生物屏障是保护人体健康的重要防线。大气细颗粒物可能会穿越这些屏障，进入不同的器官并蓄积，对人体健康造成不容忽视的危害。

气血屏障是指肺泡内氧气与肺泡隔毛细血管内血液携带的二氧化碳进行气体交换所通过的结构，也是防止大气细颗粒物进入人体的核心屏障。大部分细颗粒物会被气血屏障阻挡在血液循环系统之外，但超细颗粒物仍然可以通过穿过细胞（例如，胞吞作用）或穿过肺泡上皮细胞间隙

生物屏障

生物屏障，即在生物长期的进化中发展起来的一整套维持机体正常活动、阻止或抵御外来异物的机制，如气血屏障、血脑屏障、肠道屏障、胎盘屏障、血睾屏障、血乳屏障等。

胞吞作用

胞吞作用，即胞外物质通过质膜包裹，质膜内陷并形成膜包被的囊泡，囊泡与质膜脱离进入胞内并在胞内产生一系列的生理活动和生理功能。

进入血液循环，进而到达全身各处。血脑屏障是人体严密的屏障之一，能够阻止某些物质（多半是有害物质）由血液进入脑组织。在人的大脑中，已经发现了外源性的磁性纳米颗粒——一种典型的大气细颗粒物组分的存在。这些主要由燃烧和交通来源排放的细

血脑屏障

血脑屏障，是指脑毛细血管壁与神经胶质细胞形成的血浆与脑细胞之间的屏障和由脉络丛形成的血浆和脑脊液之间的屏障，这些屏障能够阻止某些物质（多半是有害物质）由血液进入脑组织。

小的磁性颗粒物可能与一些高发疾病之间存在潜在联系，比如认知障碍等。此外，一些大气细颗粒物还可能穿透胎盘屏障，比如，黑碳颗粒可能通过母婴传递对子宫内的胎儿构成直接的健康威胁。

3-1-3 追踪细颗粒物：探秘体内分布与代谢清除

除肺外，肺近区（如淋巴结和胸膜）和远端器官（如肝脏、心脏、肾脏、脾脏、骨髓）也是体内大气细颗粒物的潜在分布场所。通过模式颗粒暴露实验可以揭示大气细颗粒物在体内的分布规律。例如，以金纳米颗粒作为大气细颗粒物的模式颗粒对

模式颗粒暴露实验

模式颗粒暴露实验，即通过工程纳米颗粒作为大气颗粒物的替代颗粒物进行暴露实验。

成年大鼠进行暴露，可以在许多器官和组织中发现细颗粒物的滞留，且含量顺序为（从大到小）:肝脏、脾脏、肾脏、骨、血、子宫、心脏、大脑。

大气细颗粒物被吸入呼吸道后，可以通过一些物理过程（如黏膜纤毛运动、巨噬细胞吞噬、上皮细胞内吞、间质易位、淋巴引流、血液循环和感觉神经等）清除（图 3.2）。一部分细颗粒物可通过黏膜纤毛从肺区被清除到胃肠道，最终

巨噬细胞

巨噬细胞，是一种广泛分布于全身血液、组织的免疫细胞，是免疫细胞中的"清道夫"，对于血液循环、淋巴系统和全身各处组织器官中外源细颗粒物的清除均发挥重要的作用。

通过粪便排出。这些巨噬细胞含有大量溶酶体，位于肺泡、器官、骨髓和一些其他组织中，可以吞噬进入全身各处的外源细颗粒物。进入体内的大气细颗粒物的代谢清除机制尚不十分明确，经肾脏和肝胆清除被认为是两个主要的清除代谢途径。大气细颗粒物可能通过一系列代谢转化后，以尿液、粪便等形式排出体外，但是仍有一部分可能会长期蓄积在体内（图 3.3）。

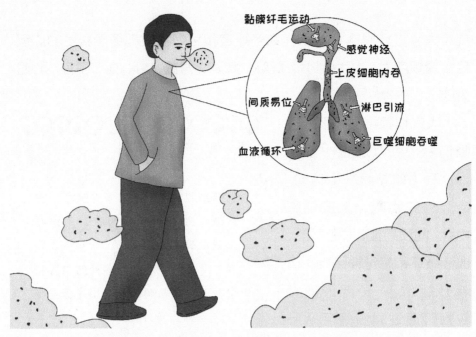

图 3.2 大气细颗粒物在呼吸道中通过一些物理过程清除

人体中PM$_{2.5}$的内暴露

PM$_{2.5}$的暴露途径

阐明PM$_{2.5}$的暴露途径是探索其内暴露的第一步。吸入暴露是最主要的暴露途径。此外，皮肤和肠道暴露也应该被考虑。

PM$_{2.5}$在人体中的迁移和器官中的分布

大多数的PM$_{2.5}$沉积在呼吸道和肺部，然而超细颗粒物 (UFPs; 粒径 < 0.1μm)能够穿过肺泡进入血液循环，并随着时间的推移进一步进入到远端器官。

PM$_{2.5}$穿透生物屏障

从外部的城市大气到内部的靶器官，PM$_{2.5}$需要跨越几道生物屏障，为内部环境和稳态提供保护。例如，气血屏障、血脑屏障和胎盘屏障是保护个体免受PM$_{2.5}$暴露的重要屏障。

PM$_{2.5}$的转化、代谢和清除

巨噬细胞和肝胆肾清除在人体中起着重要作用。

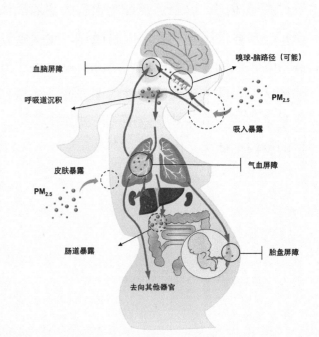

图 3.3 PM$_{2.5}$在人体中的内暴露模型

3-2 吸"毒"：大气细颗粒物的呼吸系统毒性效应

　　大气细颗粒物通常通过呼吸系统进入人体，颗粒物从此处开始就会造成不容忽视的健康风险。呼吸系统包括鼻、咽、喉、气管、支气管和肺等，是人体与外界空气交换的功能系统（图 3.4）。对于呼吸系统而言，外源细颗粒物的呼吸暴露可能会造成炎症反应、氧化应激损伤、肺功能损伤、气道上皮宿主防御功能损伤、呼吸道微生态系统的改变、呼吸道免疫反应等一系列毒性效应，进而诱发呼吸系统疾病（图 3.5）。

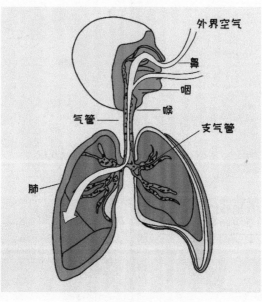

图 3.4　呼吸系统示意图

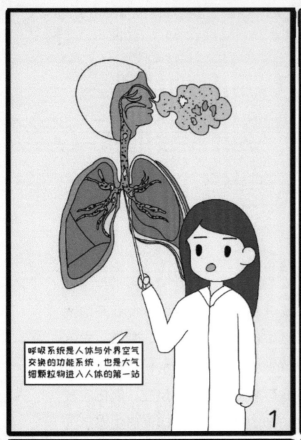

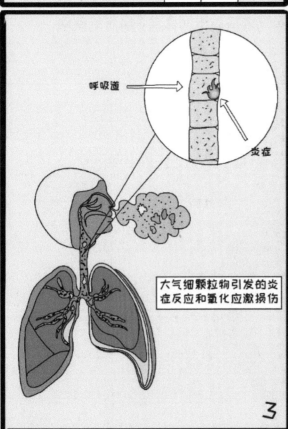

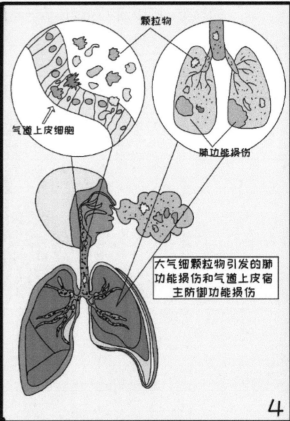

图 3.5　大气细颗粒物的呼吸毒性效应

3-2-1 火上浇油，炎症急袭

颗粒物经呼吸暴露进入人体后，可以沉积在呼吸道不同的隔室中，与上皮细胞和驻留的免疫细胞相互作用，进而诱导局部或系统炎症反应。$PM_{2.5}$ 可通过表皮生长因子受体（epidermal growth factor receptor，EGFR）- 促分裂素原活化蛋白（mitogen-activate protein，MAP）-NF-κB- 白细胞介素 -8（interleukin-8，IL-8）信号通路产生呼吸道炎症反应。

> **信号通路**
>
> 信号通路，指细胞外的信号分子经细胞膜传入细胞内发挥效应的一系列酶促反应通路。

颗粒物也可以通过载带的微生物引发呼吸道炎症。例如，过敏是我们日常生活中的常见症状，空气中的细菌、真菌、病毒等以气溶胶的形式，通过呼吸暴露进入呼吸道，可在呼吸道诱发炎症反应。有研究表明，大气细颗粒物和铜绿假单胞菌共同暴露，会对包括鼻腔和气管在内的上呼吸道引起更严重的功能损伤和更长久的炎症反应。并且病原体经颗粒物载带后，会呈现出对上皮细胞更高的生物可及性和侵袭能力。

3-2-2 平衡不再，触发多米诺骨牌

大气细颗粒物通过产生大量的活性氧物种（reactive oxygen species，ROS）打破体内氧化还原的平衡，进而造成毒性效应，这种效应被称为氧化应激效应。氧化应激通常被认为是大气细颗粒物造成呼吸损

伤的重要方式。已有充分证据表明，吸入后沉积在体内的大气细颗粒物中的毒性组分与肺中抗氧化剂分子发生氧化还原反应并在肺部产生ROS，从而激活肺或全

活性氧物种

活性氧物种，指在生物体内与氧代谢有关的、含氧自由基和易形成自由基的过氧化物的总称。

身的氧化应激。而人群层面的研究和动物模型的数据表明，抗氧化剂有关系统的上调有利于抵消大气细颗粒物诱导的肺损伤，也证实了这一结论。

过量的 ROS（例如，超氧化物、羟基自由基和过氧化氢）的产生被认为是大气细颗粒物造成氧化应激效应的直接证据。动物实验表明，吸入大气细颗粒物后，在大鼠的肺部发现了大量 ROS。在大气细颗粒物暴露后的小鼠支气管肺泡灌洗液和体外培养的肺部和支气管上皮细胞中，也发现了显著增加的 ROS。这些 ROS 的升高与大气细颗粒物中的组分有关，一些重金属元素、有机组分可能会造成更高的 ROS 增加水平。这些 ROS 的异常升高往往伴随着体内抗氧化剂的水平降低。动物的肺部组织或体外培养细胞在暴露大气细颗粒物后，更多的抗氧化剂（例如，还原型谷胱甘肽、超氧化物歧化酶和过氧化氢酶等）会与生成的 ROS 反应，因此呈现降低的现象。

3-2-3 肺功能损伤的陷阱与诡计

肺是一个人体与外界环境直接接触的内脏器官，大气细颗粒物的

暴露可能会引起肺功能损伤。众多流行病学数据显示，哮喘等肺功能疾病与细颗粒物存在明显相关关系，特别是对于儿童这一肺功能尚不完全的人群。短期或长期暴露细颗粒物，会对儿童的用力肺活量、第一秒用力呼气量、呼气峰流量等多个肺功能指标造成负面影响，且细颗粒物暴露对肺功能损伤有一定的滞后效应。通过测定儿童生活环境呼吸暴露细颗粒物的水平和儿童肺活量，发现室内细颗粒物水平更高可能导致更强的肺功能损伤。有意思的是，太阳和地磁活动周期增加可能会加重大气细颗粒物对肺功能损伤的程度。细胞实验表明，空气中细颗粒物对肺功能的影响，可能更多地取决于促炎反应［如产生更多的白细胞介素 -8（IL-8）］，且细颗粒物的来源和类型起到了决定性的因素，而非细颗粒物的浓度。

3-2-4　突破关键防线

气道上皮细胞是抵御吸入病原体的关键防线。气道上皮细胞是人体最先暴露于吸入颗粒物的部分，充当了抵御吸入颗粒物的屏障和哨兵，构成了一道基于化学、物理和免疫等保护作用的防线。上皮细胞通过分泌细胞因子和趋化因子来应对病原体的侵袭，在招募免疫细胞到肺这一过程中发挥重要作用（图 3.6）。这一屏障的结构如图所示，相邻的气道上皮细胞之间的空隙通过一系列相互作用的连接蛋白而被封闭，形成顶端连接复合体（AJCs），这些 AJCs 主要由两组连接蛋白：紧密连接（TJs）和黏附连接（AJs）组成。AJCs 的主要作用是缩小相邻气道上皮细胞之间的间隙，进而起到类似于屏障的保护作用，但接触到细颗粒物暴露会导致这些 AJCs 的结构损伤或破坏。

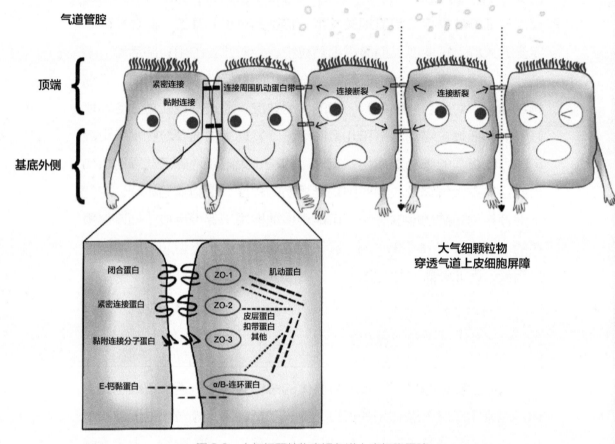

气道管腔

顶端

基底外侧

紧密连接
黏附连接

连接周围肌动蛋白带

连接断裂

连接断裂

大气细颗粒物
穿透气道上皮细胞屏障

闭合蛋白

紧密连接蛋白

黏附连接分子蛋白

E-钙黏蛋白

ZO-1

ZO-2

ZO-3

α/B-连环蛋白

肌动蛋白

皮层蛋白
扣带蛋白
其他

图 3.6　大气细颗粒物穿透气道上皮细胞屏障

　　暴露于细颗粒物已被证明会导致屏障功能障碍。暴露细颗粒物后，特别是由柴油不完全燃烧形成的柴油尾气颗粒物，屏障的跨内皮电阻降低，上皮细胞对分子的通透性增加。屏障功能的这些变化通常与连接蛋白的丢失或定位不当有关，包括闭锁蛋白（occludin）和闭锁小带蛋白 -1（zonula occludens-1，ZO-1）蛋白。体外实验表明，暴露于细颗粒物后，某些紧密连接蛋白表达发生变化，影响屏障功能。例如，人支气管上皮细胞暴露于超细颗粒物后，上皮细胞屏障通透性改变，紧密连接和黏附连接减少，气道上皮细胞屏障受损；啮齿动物在细颗粒物暴露后，气道上皮屏障通透性和气道上皮细胞死亡增加，表明暴露于吸入的细颗粒物会诱导呼吸道上皮细胞屏障缺陷。

⤷ 3-2-5　微妙的博弈：菌落舞台上的奇幻冒险

呼吸道微生态系统，即呼吸道中微生物所构成的系统，是呼吸系统功能的关键，并且通过空间占位效应、营养竞争、分泌抑菌或杀菌物质对外来的颗粒物或者病原微生物形成一道生物屏障，能够维持呼吸系统的生理和免疫的内稳态。呼吸道疾病可以引发微环境的改变，导致微生物系统的失衡，因此呼吸道微生物系统是呼吸道健康的一个重要因素。

有研究通过比较大气细颗粒物和超细颗粒物浓度高低暴露组别之间的颊黏膜微生物群落的差异，证实了短期暴露于较高水平的大气细颗粒物和超细颗粒物可显著降低儿童颊黏膜微生物菌群多样性。这些菌群的变化可能升高呼吸道致病菌定植的风险，进而有潜在可能导致呼吸系统疾病的发生。在动物层面，有研究通过对暴露细颗粒物后的小鼠的呼吸道灌洗液进行 16S rRNA 测序，证实了细颗粒物暴露能够改变呼吸道微生态的组成。颗粒物的暴露可以显著增加肺泡巨噬细胞吞噬细菌的能力，诱导免疫球蛋白水平的变化，改变肺部微生物组成并改变肺免疫平衡。

3-2-6 免疫联盟集结：免疫反应对抗细颗粒物

大气细颗粒物暴露会破坏正常免疫防御，包括肺泡巨噬细胞的损伤、气道上皮细胞通透性增加、T 细胞群改变和自然杀伤细胞应答障碍等。由于免疫防御系统的破坏，大气细颗粒物载带的病原体会愈加猖狂地侵犯人体。因此，细颗粒物对这些具有免疫功能的细胞的破坏作用会促进疾病感染的发生及发展。此外，细颗粒物暴露所产生的氧化应激效应会进一步引发呼吸道感染，使肺细胞更容易受到病原体的侵袭（如，通过抑制还原型谷胱甘肽进而增强病毒在呼吸系统中的复制）。

3-3 "伤心"的大气细颗粒物
——大气细颗粒物的心血管毒性效应

心血管系统又称"循环系统"，由心脏、动脉、毛细血管和静脉等组成。大气细颗粒物可以穿透气血屏障进入循环系统，可能对心血管造成毒性效应，例如动脉硬化与血管收缩功能变化、心率和血压变化、凝血功能变化、内皮功能异常、应激激素水平紊乱等。对于细颗粒物引起的心血管毒性，分子起始事件可能为活性氧的产生，随后引起氧化损伤和线粒体功能障碍，通过血管内皮细胞自噬功能障碍诱导血管内皮功能障碍，通过血管平滑肌细胞激活诱导血管纤维化，通过心肌细胞凋亡导致心率失调，以及成纤维细胞增殖和肌成纤维细胞分化导致的心脏纤维化。上述心血管损伤最终都会增加人群的心血管疾病发病率和死亡率，造成极大的健康危害和疾病负担（图 3.7）。

3-3-1 血流不畅，危险潜伏

泡沫细胞是指吞噬了脂质的单核细胞或组织细胞，其胞浆中含有许多脂滴，是动脉粥样硬化斑块内出现的特征性病理细胞，主要来源于血液单核细胞与血管中膜平滑肌细胞。大气细颗粒物暴露可以促进泡沫细胞的生成，诱发动脉粥样硬化。

城市的空气污染 1

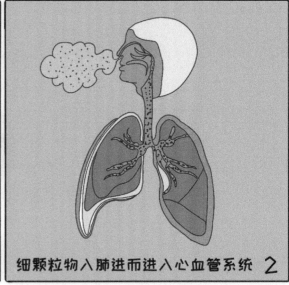

细颗粒物入肺进而进入心血管系统 2

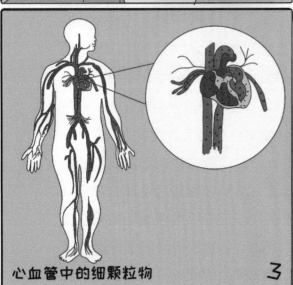

心血管中的细颗粒物 3

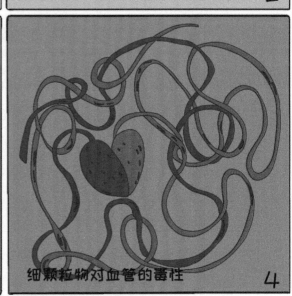

细颗粒物对血管的毒性 4

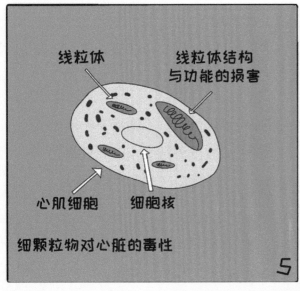

线粒体 　线粒体结构与功能的损害

心肌细胞　细胞核

细颗粒物对心脏的毒性 5

空气污染防治有利于心血管系统健康 6

图 3.7　大气细颗粒物的心血管毒性效应

其具体机制表现为，大气细颗粒物暴露引起心血管内皮损伤，增加了白细胞介素 -6（IL-6）、血管细胞黏附分子 -1（VCAM-1）、细胞间黏附分子 -1（ICAM-1）和其他炎症细胞因子的释放，并不断诱导血液中的单核细胞与被激活的内皮单层细胞结合。这些结合后的单核细胞，会直接迁移到血管内膜并随后成熟为巨噬细胞。$PM_{2.5}$ 暴露能够增加斑块巨噬细胞中分化抗原簇 36（CD36）的表达，并介导氧化脂质的异常积累，如 7- 酮基胆固醇（7-KCh）等，最终促进泡沫细胞形成（图 3.8）。

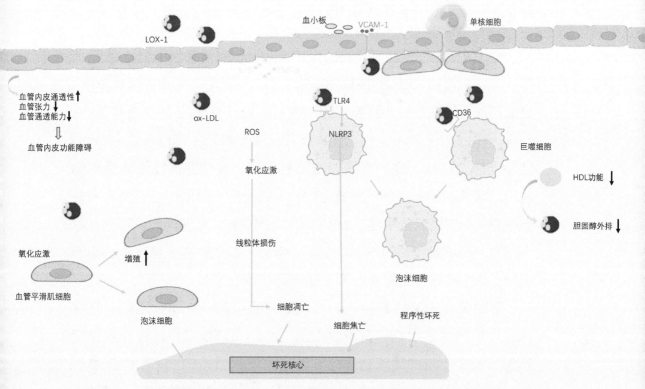

图 3.8　$PM_{2.5}$ 引发动脉粥样硬化的主要致病机制

研究表明，其他机制也可以解释大气细颗粒物暴露引起的动脉粥样硬化。例如，$PM_{2.5}$ 可通过 TLR4/MyD88/NF-κB 通路触发泡沫细胞形成。$PM_{2.5}$ 还会损害高密度脂蛋白（HDL）的功能，如 HDL 介导的胆固醇外流，从而促进泡沫细胞的形成和积累。$PM_{2.5}$ 可以通过诱导氧化应激，通过线粒体凋亡通路增加泡沫细胞凋亡。若凋亡细胞没有被吞噬细胞快速有效地吞噬和分解，则会导致继发性坏死，释放大量促炎细胞因子，从而促成坏死核心的发展，最终导致动脉粥样硬化和血管正常的收缩功能受损。

↰ 3-3-2 心率和血压的危机时刻

心率和血压是我们日常生活中常见的心血管系统的健康监测指标。有研究报道，大气细颗粒物暴露会对人体的心率和血压造成影响，进而可能会导致急性心脏疾病的发生。在涉及动物模型的有关实验中，心率（HR）和心率变异性（HRV）是衡量心脏自主神经系统（ANS）性能的两个指标。经大气细颗粒物暴露后，肺部的神经受体受到刺激，这可能引起中枢神经系统（CNS）的反射，随后向心脏发送一些自主信号。这些信号引起了 HR 和 HRV 的变化。不同地区、不同组成、不同粒径的细颗粒物对不同的小鼠（年龄、性别等存在差异）心率的影响（增加心率或者减缓心率）也不尽相同。

肺动脉高压是由多种已知或未知原因引起的肺动脉压异常升高的一种病理生理状态。有研究指出，$PM_{2.5}$ 和 SO_2、NO_2 复合暴露能够显著改变小鼠肺动脉高压标志因子内皮素 -1（ET-1）和内皮型一氧化氮合酶（eNOS）的表达，引起肺组织小动脉管腔变窄，导致内皮细胞中出现大量小泡、内皮细胞间隙胶原纤维沉积等，并导致微小 RNA-338-5p（miR-338-5p）的表达降低，通过靶向缺氧诱导因子 1α（HIF-1α）/ 由 4 个半 LIM（3 种转录因子的缩写）结构域组成的蛋白 -1（Fhl-1）通路，最终引起小鼠肺动脉高压样损伤。

3-3-3　凝血功能的神秘变身

凝血功能的变化可能导致动脉粥样硬化等心血管疾病。正常生理情况下，血液呈流体状态在血管中流动，不会发生凝固。一旦发生创伤，人体可以通过血管收缩、凝血等止血机制实现止血。其中，凝血和抗凝系统正常状态下是保持平衡的，一旦平衡失调，则会导致异常出血或血栓形成。

空气颗粒物污染水平与凝血和血栓形成的生物标志物之间具有关联，例如，人体内的纤维蛋白原、内源性凝血酶、组织 - 纤溶酶原激活物（t-PA）和纤溶酶原激活物抑制剂 -1（PAI-1）等。大气细颗粒物暴露可以抑制人脐静脉内皮细胞（HUVECs）中 t-PA 的释放，增加 PAI-1 的释放，在大鼠体内也观察到了类似的现象。大气细颗粒物可通过增加血小板活化和血小板 - 单核细胞聚集量来加速动脉血栓形成，有血栓形成倾向的患者长期暴露于高浓度 $PM_{2.5}$ 可能导致纤维蛋白凝块增加和斑块结构改变。

3-3-4　血管守护者失灵：内皮功能异常

内皮细胞覆盖在血管内表面形成内皮细胞层。内皮细胞层维持着复杂的功能平衡，以抑制炎症反应或血栓形成。大气细颗粒物暴露可引起内皮功能异常，室内细颗粒物也可诱导内皮功能障碍，抑制血管生成。内皮功能障碍干扰体内抗炎过程、抗血小板聚集、抗血栓过程和血管修复。血管功能的改变可能是导致空气污染介导的心血管疾病的最早病理生理机制，这种改变也是动脉粥样硬化的重要早期预测因子。

许多研究表明，大气细颗粒物可以通过不同的机制增加血管通透性，损害内皮血管舒缩功能和血管修复能力，诱发动脉粥样硬化等血管疾病。如，交通排放来源的细颗粒物通过下调紧密连接蛋白ZO-1 的表达，进而增加血管内皮通透性。大气细颗粒物暴露破坏了血管内皮细胞氧化还原之间的平衡，导致内皮单层细胞通透性增加，降低了高密度脂蛋白（HDL）的抗炎和抗氧化能力，降低了谷胱甘肽过氧化物酶（GSH）和超氧化物歧化酶（SOD）等抗氧化标志物的表达，增加了 ROS 的产生，引起细胞氧化应激、炎症和凋亡。大气细颗粒物暴露可诱导炎性环氧合酶 -2（COX-2）/ 前列腺素 E 合成酶（PGES）/ 前列腺素 E2（PGE2）轴的激活，促进小鼠主动脉内皮细胞（MAECs）的炎症反应和凋亡。过度的细胞凋亡会引起血管内皮单层跨细胞通透性的增加。此外，通过猪冠状动脉内皮细胞（PCAECs）模型实验发现，$PM_{2.5}$ 可以通过增加局部血管紧张素系统的氧化应激，诱导衰老相关的 β- 半乳糖苷酶（SA-β-gal）激活，导致内皮细胞衰老。在未衰老的单层细胞中，衰老内皮细胞的存在破坏了周围年轻细胞的紧密连接形态，增加了单层细胞的通透性。

➲ 3-3-5　荷尔蒙乱舞，平衡失调

人在紧张和压力的状态下，会分泌大量的激素，这些激素属于应激激素。应激激素水平过高会增加患心血管疾病的风险。有研究指出，对于人体，大气细颗粒物暴露可以诱导与下丘脑 - 垂体 - 肾上腺轴和交感神经 - 肾上腺髓质轴激活相一致的代谢改变，造成血压、促肾上腺皮质激素释放激素、促肾上腺皮质激素、胰岛素抵抗以及氧化应激和炎症的生物标志物改变。而在室内空气净化后，应激激素会呈现出短期的下降。动物实验表明，细颗粒物暴露会增加小鼠的皮质酮和促肾上腺皮质激素水平，激活下丘脑 - 垂体 - 肾上腺轴，通过影响中枢神经激素这一机制，进而破坏心脏代谢稳态等。

3-4 让人变傻？
——大气细颗粒物的神经毒性效应

被人体吸入的大气细颗粒物穿透气血屏障进入血液循环系统，通过血液运送到全身各处，进一步穿透血脑屏障可以到达中枢神经系统。大气细颗粒物也可能在鼻黏膜沉积，通过嗅神经，经嗅球进入中枢神经系统。一些超细颗粒物还可以通过消化道和皮肤等进入体内，通过血液循环转移到大脑等，对神经系统造成危害。大气细颗粒物暴露可能通过氧化应激、炎症反应或表观遗传等机制，引起神经细胞的损伤，学习记忆能力下降、神经行为学异常等表现（图 3.9）。

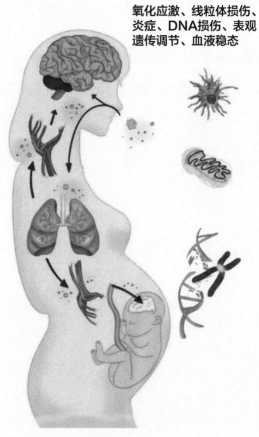

氧化应激、线粒体损伤、炎症、DNA损伤、表观遗传调节、血液稳态

图 3.9　大气细颗粒物的神经毒性效应

3-4-1 毒性风暴：氧化应激与炎症效应

细颗粒物暴露会引起神经炎症和氧化应激等，进而造成神经系统的损伤。大气细颗粒物由复杂的组分所构成，其中的许多组分都可以引发氧化应激效应，在生物体内产生 ROS，进而可能增强炎症反应并导致细胞死亡。线粒体是 ROS 生成的主要场所，也是细颗粒物进入体内后作用的主要场所之一。例如，细颗粒物可以通过引起线粒体肿胀、通透性转换孔开放等功能障碍，与催化生成 ROS 的酶相互作用，破坏抗氧化防御系统等，导致脑部神经细胞损伤。基于颗粒物模型探索 $PM_{2.5}$ 氧化应激效应的分子机制的有关研究发现，大气细颗粒物会引发神经炎性反应，破坏突触功能完整性并影响空间学习和记忆。NF-κB- 调控下的微小 RNA-574-5p（miR-574-5p）表达的下调，会导致 β 位淀粉样前体蛋白裂解酶 1（β-site amyloid precursor protein cleaving enzyme 1，BACE1）过表达是其重要分子机制，提高 miR-574-5p 表达则可以下调 BACE1 水平从而帮助重建突触功能，提高在污染暴露后下降的空间记忆和学习能力。通过质谱成像技术也发现，暴露于大气细颗粒物的大鼠的脑干和胼胝体中的硫苷脂显著减少，神经炎症标志物（包括细胞因子、小胶质细胞和星形胶质细胞活化标志物等）的表达水平显著上调。

3-4-2 深度犯罪：DNA 损伤和表观遗传调节

大气细颗粒物可导致 DNA 的结构破坏和诱导表观遗传的改变。

例如，细颗粒物暴露可能引起 DNA 断裂以及 DNA 氧化损伤等，进而可能引起细胞凋亡。DNA 羟甲基化是一种表观遗传层面的改变，指 DNA 序列不变，在 10-11 易位蛋白（TET 酶）的作用下，DNA 胞嘧啶 5′ 碳原子被羟甲基化修饰的过程，能够影响神经分化。有研究指出，细颗粒物暴露能够提高神经元 DNA 羟甲基化水平导致神经发育障碍，例如，神经轴突长度减小，神经元和突触标记物 mRNA 表达降低等。

3-4-3 成长漩涡：发育中的神经损伤

与成熟的大脑相比，处在发育中的大脑血脑屏障发育尚不完善，更容易受到大气细颗粒物暴露的影响，导致神经发育障碍（图 3.10）。越来越多的证据表明，细颗粒物暴露可能会对神经发育产生不利影响，导致儿童出现行为问题，如学习障碍、注意力缺陷多动障碍、认知延迟和自闭症谱系障碍。

人类和动物暴露于细颗粒物可诱导血脑屏障损伤、氧化应激和炎症效应，小胶质细胞活化和表观遗传改变，并改变神经递质水平，进而增加神经发育障碍的风险。例如，在出生后或者妊娠期暴露于环境超细颗粒会导致包括小鼠脑区金属稳态失调，神经递质系统显著变化等神经毒性。对于人体，在妊娠期和生命早期发育期间接触细颗粒物可能会增加神经发育障碍风险，而且这种损害是持续和不可逆的。孕妇在妊娠期暴露于细颗粒物，可能导致细颗粒物通过胎盘转移，从而改变胎盘功能和胎儿神经发育。细颗粒物可能诱发神经炎，影响胎儿在子宫内的发育，且这些影响可在出生后持续存在。炎症反应可以

图 3.10　大气细颗粒物的神经发育毒性

导致小胶质细胞的激活，从而导致全身免疫反应。这些炎症信号可由母体传递给胎儿，对胎儿发育产生负面影响。神经炎症是细颗粒物影响神经发育的关键机制，这种神经炎症也会影响血脑屏障功能，导致神经递质水平失调。这些暴露于细颗粒物后发育中的中枢神经系统的变化引发了对发育中的神经系统的损伤。

3-4-4 崩溃时刻：认知能力下降与运动行为异常

动物的行为学实验，如水迷宫等，往往能够反映细颗粒物暴露所造成的认知能力下降。暴露细颗粒物会显著降低大鼠的认知和学习能力。这与一些在人群中的流行病学结果相关联。长期低浓度空气颗粒物暴露后的小鼠，大脑皮层中出现淀粉样蛋白表达水平显著升高、皮质神经元损伤以及白质束损伤等现象，可能与认知能力下降、神经退行性疾病的风险增加有关。暴露细颗粒物后，大鼠海马组织中铅、锰、铝含量和谷氨酸水平升高，离子型谷氨酸受体 N- 甲基 -D- 天冬氨酸受体（NMDA 受体）表达降低，代谢型谷氨酸受体 1 表达升高，表明引起的学习和记忆障碍可能与海马区结构改变以及神经递质及其受体的表达异常有关。

细颗粒物暴露引起的神经系统改变是一个相互关联的过程，其中包括了一系列的串联事件，例如，促炎状态与小胶质细胞激活、促炎细胞因子的增加和氧化应激有关。这些机制的相互作用导致了恶性循环，使得这些指标不断增加。有研究指出，大气细颗粒物暴露可以通过增强氧化应激，减少自噬和线粒体吞噬，以及诱导线粒体介导的神经元凋亡，加剧小鼠帕金森症状的行为异常。此外，炎症的形成还可能改变神经系统的蛋白质稳态平衡，导致细胞凋亡和细胞形态发生变化，最终导致认知和行为的改变。这些神经行为障碍异常，包括自闭症、抑郁症、焦虑症等。例如，大气细颗粒物暴露可以导致大鼠神经系统损伤，诱导产生抑郁情绪。这可能与细颗粒物中的重金属组分在脑部蓄积后引起神经递质紊乱、神经营养因子失调、炎性细胞过表达等效应有关，其作用机制可能是激活 NLRP3 炎性小体诱导炎症反应。

3-5 "内分泌杀手"：大气细颗粒物对内分泌系统的毒性效应

大气细颗粒物作为环境的主要污染物之一，它能够通过摄入，吸入或皮肤接触等方式进入到人体内（图 3.11），从而对人体的健康造成影响。一些研究发现大气细颗粒物中含有大量的内分泌干扰物，这些内分泌干扰物可能会导致人的生殖器官和行为异常，生殖能力下降，幼体死亡等。本节将从甲状腺内分泌系统和性腺内分泌系统来描述颗粒物对人体健康的影响机制。

3-5-1 小小甲状腺，亦受其害

甲状腺内分泌系统作为人体内重要的内分泌系统，它通过下丘脑分泌促甲状腺释放激素到达垂体，刺激垂体释放出促甲状腺激素，促甲状腺激素进入甲状腺细胞与促甲状腺受体结合并作用于甲状腺促使吸收碘，合成并释放出甲状腺激素，最后甲状腺激素与特定的载运蛋白结合运送到其他组织。甲状腺内分泌系统主要负责人体内甲状腺的合成，运输以及代谢。甲状腺内分泌系统受损可能会影响身体代谢，生长发育等。其中大气细颗粒物作为空气中主要的污染物之一，它携带的内分泌干物质会干扰甲状腺内分泌系统，从而对人体健康产生影响。

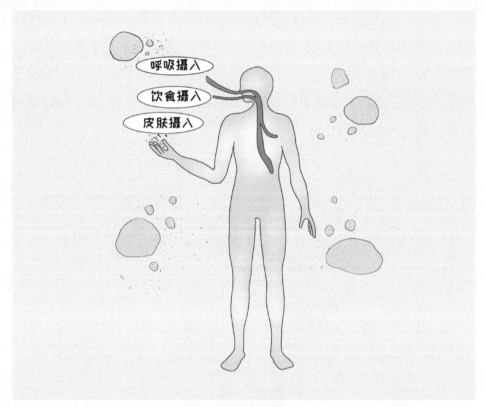

图 3.11　大气细颗粒物进入人体的方式

　　大气细颗粒物对甲状腺内分泌系统的影响有很多种（图 3.12）。首先可能通过直接影响甲状腺激素的合成来影响甲状腺内分泌系统。例如大气颗粒物中含有大量的高氯酸盐，特别是在燃放烟花爆竹的时候，大气细颗粒物中高氯酸盐的浓度急剧增加。由于高氯酸根与碘离子具有相近的电荷数和半径，此外与碘离子相比，钠 - 碘转运体（NIS）对高氯酸盐的亲和力更强，因此颗粒物中的高氯酸盐进入人体后会和 NIS 结合，导致进入细胞的碘的吸收量降低，从而影响甲状腺激素的合成。其次还可能通过间接方式影响甲状腺激素的合成来影响甲状腺内分泌系统。有研究表明大气中颗粒物中的邻苯二甲酸丁酯和邻苯二甲酸辛酯会增加 NIS 启动子的活性和内源性 mRNA 的表达，邻苯二甲酸二丁酯则会使得 NIS 启动子的活性下降。壬基酚可能会抑制甲状腺过氧化物酶的活性。

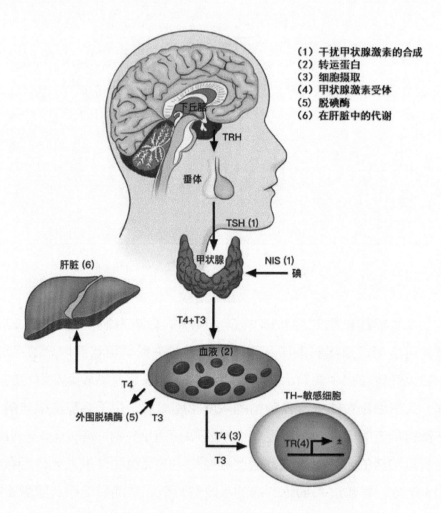

图 3.12 大气细颗粒物的甲状腺内分泌效应影响机制

　　除了干扰甲状腺激素合成以外，大气细颗粒物还可能通过影响转运蛋白来干扰甲状腺激素的转运。有研究发现羟基多氯联苯在结构上与甲状腺激素有高度的相似性，因此转运蛋白可能会与羟基多氯联苯结合，从而影响了甲状腺激素在体内的转运和代谢。2016 年研究人员在芝加哥的空气中检测出了 2- 羟基多氯联苯和 6- 羟基多氯联苯，由于羟基多氯联苯在结构上与甲状腺激素有着很高的相似性，因此当被吸入人体后，羟基多氯联苯可能与甲状腺激素的转运蛋白结合，这可能导致甲状腺激素在人体内的转运和代谢途径发生改变。

　　当甲状腺激素在转运蛋白的作用下到达细胞时，大气细颗粒物可能会影响细胞对甲状腺激素的摄取。一项体外细胞实验表明大气细颗粒物中的邻苯二甲酸二丁酯并不抑制 T3 与 TRα 结合，但是却会抑制红细胞对三碘甲状腺原氨酸（T3）的摄取。

　　当甲状腺激素进入细胞后，大气细颗粒物携带的内分泌干扰物可能会影响甲状腺激素受体基因的表达。但是目前关于这方面的机制并不是很清楚。有研究发现大气细颗粒物中含有四溴双酚 A，四溴双酚 A 会抑制 T3 与 TR 的结合并抑制它的转录活性。一项细胞实验发现多氯联苯可能会改变甲状腺激素受体基因的表达并通过部分解离 TH 反应元件（TRE）上的 TRR/ 维甲酸 X 受体异二聚体复合体而发挥拮抗的作用。

　　此外大气细颗粒物携带的内分泌干扰物还可能会影响甲状腺激素基因的表达。小鼠实验表明四溴双酚 A 与 TRβ1 相互作用抑制 T3 诱导的少突胶质细胞前体细胞（OPC）的分化。邻苯二甲酸酯会抑制甲状腺激素受体中内源 T3 反应的 β 基因的表达。

　　值得注意的是，大气细颗粒物携带的内分泌干扰物可能会影响甲状腺激素在器官中的代谢来影响甲状腺内分泌系统（图 3.13）。例如

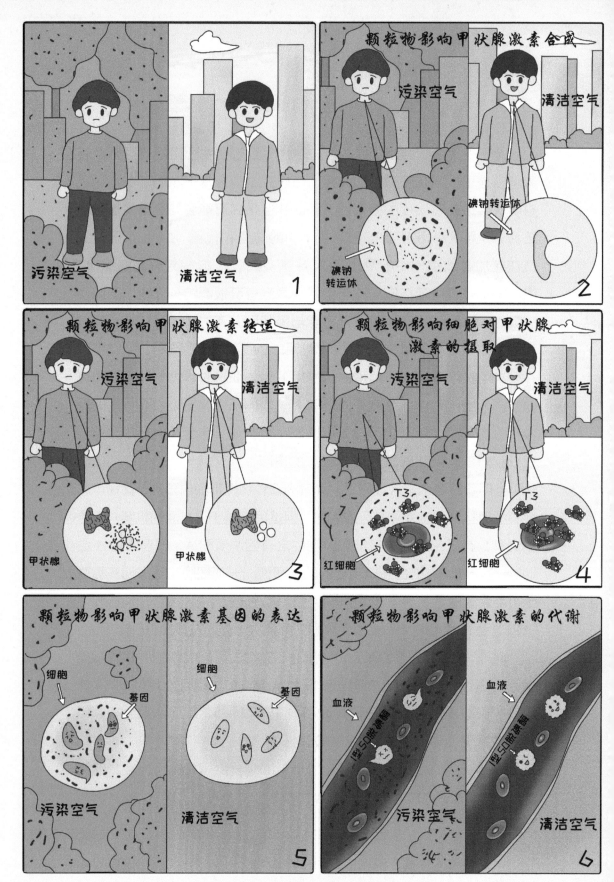

图 3.13　大气细颗粒物对甲状腺系统的影响

有研究发现有一些大气细颗粒物中常见的污染物质（如多氯联苯、重金属铅和镉等）会导致器官中的 I 型 50 脱碘酶降低，从而导致甲状腺激素的代谢途径发生变化。

另外也在孕妇体内以及脐带血中发现了内分泌干扰物质，这些内分泌物可能会对胎儿的甲状腺系统产生影响。因此内分泌干扰物对人体以及胎儿的健康影响机制我们需要进一步去探索。

3-5-2　性腺危害，不容忽视

性腺内分泌系统作为人体内另外一个分泌系统，它主要由下丘脑 - 垂体 - 性腺调控轴来调控。下丘脑可以分泌出促性腺激素释放激素，然后促性腺激素作用于垂体释放出促卵泡刺激素和促黄体生成素，这两种激素通过血液系统，经促卵泡刺激素和促黄体生成素受体进入性腺，促进类固醇激素的生物合成过程以及精子和卵子的发育成熟。然而近年来发现大气细颗粒物中的一些内分泌干扰物可能会引起生殖器官发育异常，精子的质量下降，不良的妊娠，干扰胚胎发育以及乳腺癌，前列腺癌等疾病（图 3.14 和图 3.15）。

首先是大气细颗粒物中的内分泌干扰物通过影响性激素的合成和代谢来影响性腺内分泌系统。例如雌二醇（E2）作为一种重要的激素，它可以促进生殖器官的发育以及一些重要的遗传物质的合成，2- 羟基雌二醇（2-OH E2）是 E2 主要的代谢产物。但是有研究发现在有机磷农药暴露下 E2 的代谢产物 2-OH E2 受到了明显的抑制，进一步研究发现有机磷农药对 E2 有着非竞争性抑制。大气细颗粒物中含有大量的多环芳烃，萘作为多环芳烃中的一种，它也会对 E2 有非竞争性

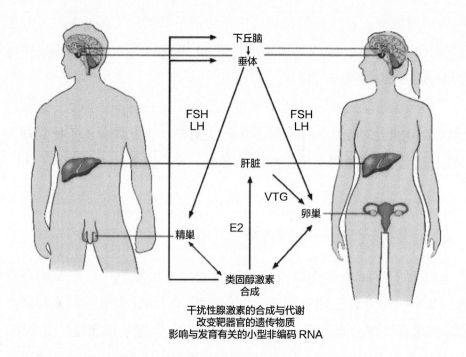

下丘脑
垂体
FSH
LH
FSH
LH
肝脏
VTG
精巢
E2
卵巢
类固醇激素
合成

干扰性腺激素的合成与代谢
改变靶器官的遗传物质
影响与发育有关的小型非编码 RNA

图 3.14　大气细颗粒物的性腺内分泌效应影响机制

抑制。一项流行病学研究发现孕妇产前暴露在多氯联苯中可能会减小血清黄体生成素和睾酮的浓度，性激素结合球蛋白却相反，随着多氯联苯浓度的增加，性激素结合球蛋白也增加。

其次，大气细颗粒物中的内分泌干扰物也可能直接作用于靶器官，通过改变靶器官中的遗传物质来干扰性腺内分泌系统。这些遗传物质的改变可能会遗传给下一代。前列腺依靠循环激素维持正常的形态和功能。但是有研究发现大气细颗粒物中的双酚 A（BPA）可能会改变前列腺细胞中的 DNA 甲基化方式，体外实验也发现双酚 A 会促进前列腺干细胞的自我更新以及相关基因的表达。这些低剂量的双酚 A

图 3.15　大气细颗粒物对性腺系统的影响

也可能会导致前列腺癌的产生。邻苯二甲酸二丁酯通过影响睾丸中组蛋白的甲基化模式来影响生殖内分泌系统。

此外，内分泌干扰物可能会影响与发育有关的小型非编码 RNA 来影响性腺内分泌系统。例如 BPA 和 DDT 分别影响人乳腺癌 MCF-7 细胞和胎盘细胞的 miRNA。辛基酚可能会直接导致精细胞的凋亡，壬多酚可能会通过干扰 Ca^{2+}-ATP 酶，导致 Ca^{2+} 的平衡，从而引起精细胞的凋亡。

3-6 成长的"烦恼"
——大气细颗粒物的发育毒性效应

大气细颗粒物作为空气中的主要污染物之一，它通过呼吸、摄入或表皮接触等方式进入人体后，可能会对胎儿的生长发育造成危害，流行病学研究了孕期暴露在 $PM_{2.5}$ 后对 1 岁儿童造成的影响，结果发现在 $PM_{2.5}$ 暴露下儿童的粗大动作（大肌肉运动）以及认知能力均降低。此外孕期长期暴露在大气细颗粒物中也可能导致新生儿畸形（图 3.16）。

3-6-1 什么时候长大？ ——生长迟缓

孕期暴露在大气细颗粒物中的孕妇，在子代出生后，子代可能会表现出认知障碍，粗大动作（即上肢、下肢及头部肌肉运动能力，以及在拍、推、举、抱、跳等动作中表现出的协调能力）降低，疾病易感性增加等不良现象。孕期暴露在大气细颗粒物中可能会导致胎儿的生长发育受到限制。一项基于动物的实验发现暴露在 $PM_{2.5}$ 中的孕鼠的子代在出生 5 周后发现脑内的多巴胺、5-羟色胺以及去甲肾上腺素的水平发生改变。其中小脑的去甲肾上腺素的转化率降低，而下丘脑的去甲肾上腺素的转换率显著增加（图 3.17）。动物实验表明暴露在大气细颗粒物中的小鼠体内脐带以及它的血管的形态可发生改变。通过与空白组（过滤了细颗粒物的空气暴露组）比较发现，暴露在大气

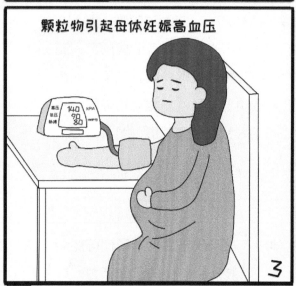

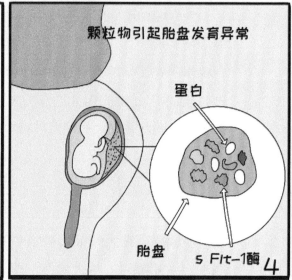

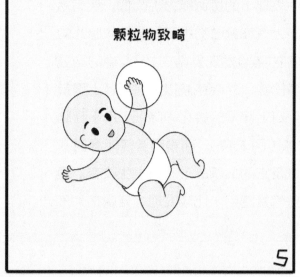

图 3.16　大气细颗粒物引起的神经发育毒性

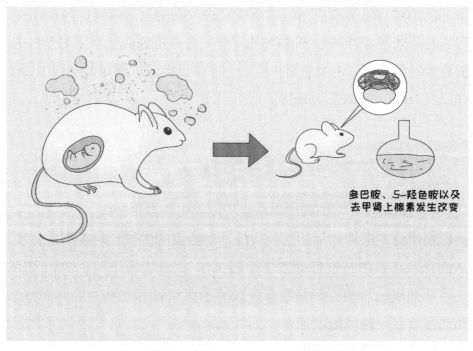

多巴胺、5-羟色胺以及
去甲肾上腺素发生改变

图 3.17　大气细颗粒物对子代老鼠的发育毒性

细颗粒物中的小鼠体内类黏液蛋白和胶原出现减少，而与脐血管形态相关的异前列烷、内皮素受体出现增多。因此大气细颗粒物暴露下子代出生体重下降可能是与大气细颗粒物引起的脐带组织结构异常以及氧化应激等机制有关。

3-6-2　变身妖术：致畸作用

2002 年首次有研究报道大气细颗粒物可能会导致胎儿畸形，研究结果引起公众的广泛关注。当大气细颗粒物进入孕妇体内后，粒径小的细颗粒物可能直接透过胎盘屏障进入到胎盘，直接作用于胎儿，导致胎儿畸形。粒径较大的颗粒物尽管不能直接到达胎盘作用于胎儿，但是会导致孕妇体内发生氧化应激，产生炎症，进而可能会损伤线粒体以及 DNA，导致胎儿畸形。

3-6-3 宝宝也受伤：胎儿发育异常

孕妇暴露在大气细颗粒物中会引发氧化应激和全身炎症，这可能会影响胎盘的形成或引起胎盘炎症，对胎盘的生长和功能产生影响，从而导致妊娠中并发症的发生（图 3.18）。一项基于荷兰 7801 名的人群队列研究表明，孕妇暴露在较高的大气细颗粒物中会与患妊娠高血压综合征的风险增加有关，妊娠中期母血和脐血中胎盘生长因子水平和胎盘重量出现降低。另外一项研究调查了南加州孕妇整个孕期暴露在交通污染中对胎儿发育的影响，通过建模发现孕妇的早产和患有先兆子痫的风险增加。当孕妇患有先兆子痫和妊娠期高血压时，体内可溶性 fms 样酪氨酸激酶 1（sFlt-1）水平升高，这种酶可能会与血管内皮生长和

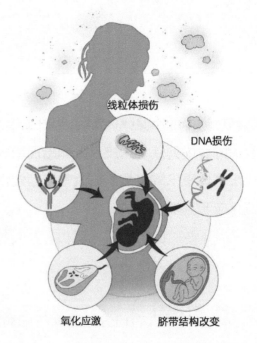

线粒体损伤

DNA损伤

氧化应激

脐带结构改变

图 3.18　大气细颗粒物影响发育毒性的机制

胎盘生长中的一些重要蛋白结合，从而抑制胎盘的发育。此外，大气细颗粒物暴露下的孕妇体内胎盘中线粒体 DNA 含量可出现下降。当将孕鼠暴露于柴油尾气中，胎鼠的 DNA 出现受损，这种受损很可能导致流产等不良妊娠。

3-7 致癌致突变"凶手"

目前大量的研究已经报道大气细颗粒物具有明显的致癌致突变性，致突变可能会导致细胞癌变，动脉硬化，细胞衰老等。对新生儿可能会导致出生缺陷以及先天性疾病甚至孕妇流产，死产等现象。有研究分析了大气细颗粒物的致突变性，结果发现这些细颗粒物中含有大量的致突变剂，

突变

突变一般分为自发性突变和非自发性突变。致突变包括基因突变，染色体突变以及基因组突变。基因突变和染色体突变主要是突变剂导致细胞内DNA分子发生了改变，此外还有基因组突变，它主要是由于基因组中染色体的数目发生改变从而引起的突变。

特别是其中的有机成分，它们大部分以移码突变的方式为主。此外将大气细颗粒物中的有机物分为烃类和非烃类，结果发现非烃类的致突变性高于烃类（图 3.19 和图 3.20）。

此外，也有研究发现大气细颗粒物暴露肺癌模型的小鼠（患肺癌的小鼠）后，其能够诱导小鼠组织基质异常增厚和阻碍抗肿瘤免疫细胞的迁移来促进肺癌的进展。当大气细颗粒物被吸入到肺组织中时，这些细颗粒物会在其表面大量吸附过氧化物素（PXDN）——一种介

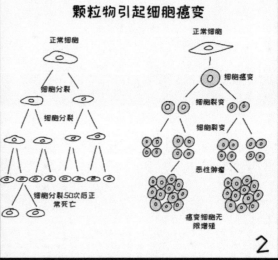

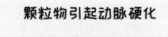

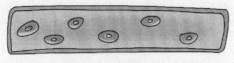

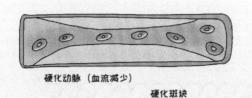

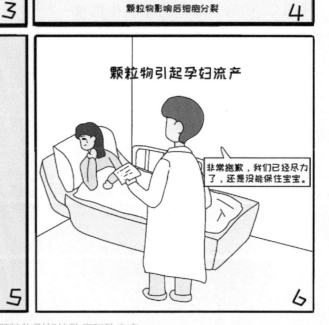

图 3.19　大气细颗粒物引起的致癌和致突变

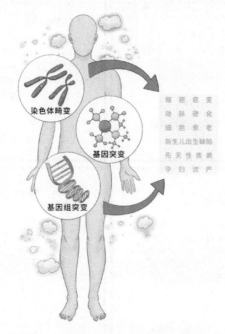

图 3.20　大气细颗粒物的致癌致突变机制

导Ⅳ型胶原（Col Ⅳ）交联的酶。吸附的过氧化物素可通过增加 Nc1 结构域（主要的抗原位点）上磺胺键的形成而对 Col Ⅳ发挥异常高的交联活性，导致肺组织中的基质过于致密。这种

免疫监视

免疫监视，指免疫系统具有识别、杀伤并及时清除体内突变细胞，防止肿瘤发生的功能。

无序的结构降低了细胞毒性 CD8+T 淋巴细胞进入肺部的流动性，从而损害了局部免疫监视，使新生肿瘤细胞得以发展。

第 *4* 章

生活环境的
重要性知多少?

近年来，大气细颗粒物污染引起的全球死亡率上升得到广泛关注。本章将详细介绍大气细颗粒物与人群死亡率之间的关联，包括全因死亡率和疾病归因死亡率，以及阐述人群对大气细颗粒物的易感性差异、大气细颗粒物对不同地域居民的影响及室内室外大气细颗粒物对居民健康影响差异，旨在方便大家了解大气细颗粒物污染与人群健康危害的关系。

本章作者：舒钊，闵可，马文德

4-1 国内外 PM$_{2.5}$ 污染风险知多少？

世界卫生组织（World Health Organization，WHO）2021 年发布的新版《世界卫生组织全球空气质量指南》（*WHO Global Air Quality Guidelines*）指出，空气污染是人类健康面临的重大环境威胁之一，全球每年约有 700 万人死于空气污染，长期或短期暴露于环境空气污染均有不利的健康影响，空气污染遍及全球（图 4.1）。2022 年 WHO 公布了空气质量数据库，针对全球 117 个国家 / 地区的 6000 多个城市进行空气质量监测后得出的结论：空气污染影响全球约 99% 的人口，高于 4 年前的 90%。大气污染物特别是大气细颗粒物持续威胁着人们的健康，而且在低收入和中等收入国家中影响更为明显。

2022 年初，著名医学杂志《柳叶刀—行星健康》（*The Lancet Planetary Health*）发表了一篇来自乔治华盛顿大学的研究论文，该研究使用高空间分辨率的年平均 PM$_{2.5}$ 浓度、流行病学推导的浓度响应函数以及基础疾病患病率分析了 2000 年至 2019 年间全球 13160 个城市中 PM$_{2.5}$ 浓度与相关死亡率的趋势。这项研究数据显示，在 2000~2019 年这 20 年间，可归因于 PM$_{2.5}$ 的死亡人数多达 3050 万。基于当前全球空气污染的严重程度，本节详细介绍了国内外 PM$_{2.5}$ 污染的致死风险，旨在更精准的评估世界各国 PM$_{2.5}$ 污染与人群健康危害的关系。

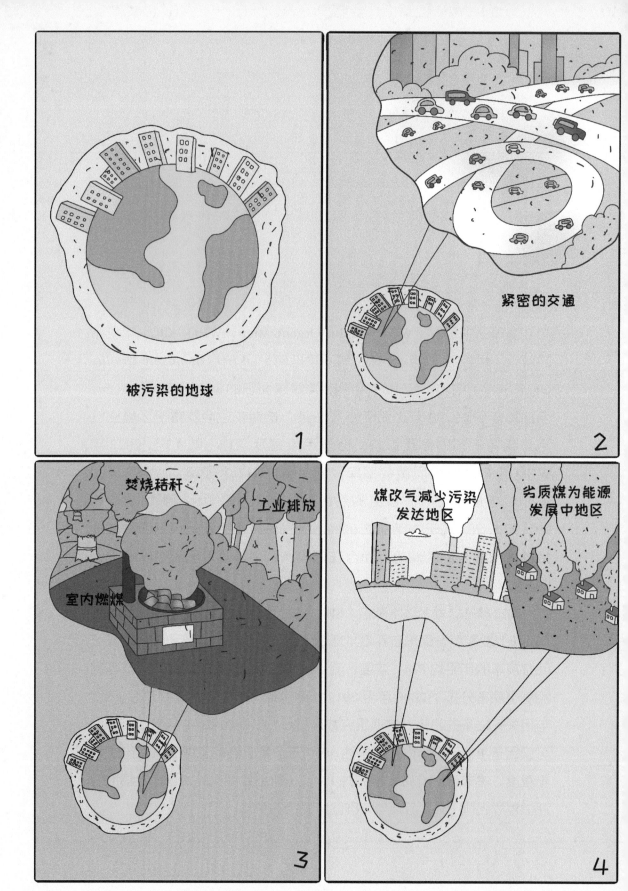

图 4.1 大气细颗粒物污染遍及全球

4-1-1 "国外的月亮" 比较圆?

1. 印度

空气污染是印度面临的严峻的环境问题之一,恶劣的空气质量每年都导致数以万计的印度居民非自然死亡。据《柳叶刀—行星健康》(*The Lancet Planetary Health*)一项研究估算,2017 年有 124 万印度居民死于空气

平均预期寿命

平均预期寿命,是指假若当前的分年龄死亡率保持不变,同一时期出生的人预期能继续生存的平均年数。

污染,占总死亡人数的 12.5%,其中一半在 70 岁以下,这使印度的平均预期寿命减少了 1.7 年。据美国芝加哥大学能源与环境政策研究所发布的最新 2022 年《空气质量寿命指数报告》(*Air Quality Life Index*)指出,颗粒物污染是印度居民健康的重要威胁,会使平均预期寿命减少 5 年。报告还指出 13 亿印度居民均居住在年均大气细颗粒物污染水平超标地区(即超过了世界卫生组织大气细颗粒物的指导浓度 5 微克 / 立方米),其中约 63% 的居民生活在大气细颗粒物浓度超过 40 微克 / 立方米的地区。

2. 中东

中东地处"沙尘带",每年经历约 20 次大型沙尘暴。由于缺乏降水,极高的矿物粉尘浓度对生态系统造成破坏并对人类活动产生不利影响,因此中东地区也被认为是全球空气污染十分严重的地区之一。

来自国际权威学术期刊《通讯 - 地球与环境》(*Communications Earth & Environment*)的一项研究结果显示，中东地区空气污染中有90%以上的大气细颗粒物可能来自人类活动。该研究还指出中东地区每年因暴露于空气污染而导致的死亡率为每10万人中有745人死亡，这与其他主要健康风险（如高胆固醇、吸烟）相近。

3. 美国

美国虽然是发达国家，但也一直存在空气污染问题。一项来自英国帝国理工学院科学家的研究评估了美国由于空气污染造成的死亡人数，结果显示，2015年美国3万余人的死亡与大气细颗粒物暴露有关。更令人惊讶的是，这些死亡发生时，美国几乎每个县的空气质量都在联邦政府制定的空气质量标准之内。这些死亡使美国女性的平均预期寿命减少了约0.15年，男性减少了约0.13年，这表明了即使是发达国家，低水平的大气细颗粒物污染对居民死亡率亦有影响（图4.2）。

4-1-2 身边的"杀手"

过去几十年我国经济快速发展，大气污染物排放量大幅上升。尽管通过一系列严格的控制政策，空气质量在不断改善，但以 $PM_{2.5}$ 为主要特征的大气污染仍然是我国居民健康风险的严重威胁之一（图4.3）。

据一项全球疾病负担研究报告估计，2019年空气污染导致我国185万人过早死亡，其中142万人死于大气细颗粒物。近年来，大气细颗粒物污染与健康效应研究日益受到广泛关注，推动了关于人群队列对大气细颗粒物污染的长期和短期暴露研究。根据一项历时近九年

图 4.2　低浓度的大气细颗粒物仍然存在健康风险

图 4.3　关于持续降低大气污染的必要性的讨论

（2010~2018 年），覆盖我国 25 个省级行政区，共计 30946 名调研对象的全国性队列研究，2015 年我国大气 $PM_{2.5}$ 导致约 268 万人死亡。此外，患有某些 $PM_{2.5}$ 易感疾病的人群（例如心血管疾病人群）受影响更大。一项覆盖我国 15 个省市约 12 万城乡居民的研究显示，长期暴露于大气 $PM_{2.5}$ 可显著增加我国居民心血管疾病发病和死亡风险，大气 $PM_{2.5}$ 年平均暴露浓度每增加 10 微克 / 立方米，心血管疾病发病和死亡风险分别增加 25% 和 16%。

相较长期 $PM_{2.5}$ 污染，短期（暴露时间通常在几小时至几天）$PM_{2.5}$ 污染对居民死亡率影响不是十分显著，但对于患有基础疾病特别是心血管和呼吸系统疾病的人群而言，短期 $PM_{2.5}$ 对居民死亡率的影响仍旧不可忽视。例如一项覆盖我国 272 个城市大气细颗粒物居民死亡风险的时间序列研究显示，暴露当日至滞后一日 $PM_{2.5}$ 浓度平均值每增加 10 微克 / 立方米，其心血管疾病死亡风险增加 0.27%，呼吸系统疾病死亡风险增加 0.29%，表明短期内 $PM_{2.5}$ 浓度的增加，与心血管疾病死亡和呼吸系统疾病死亡之间存在一定的相关性。

4-2 大气细颗粒物喜欢在哪儿"作妖"？

细颗粒物来源组成复杂，不同生活区域细颗粒物的毒性组分也存在差异，这也导致不同来源／区域的细颗粒物对居民暴露风险存在不同。例如，来自美国华盛顿大学的一项研究指出，2011 年美国因空气污染造成死亡的案例中，57% 与能源消耗造成的污染有关，其中约28% 与交通运输产生的污染有关，14% 与燃煤和燃气发电厂的作业有关，15% 与农村农业活动造成的污染有关，如施用和储存肥料等。本节详细介绍了近道路居民、近燃煤电厂居民以及农村和城市居民等细颗粒物暴露风险。

4-2-1 新的"马路杀手"

居住在道路附近的居民大气细颗粒物暴露风险更高（图 4.4）。国际著名医学期刊《柳叶刀》（*The Lancet*）在 2017 年刊出一项关于道路交通空气污染和人体健康影响的研究，该研究基于 2001 年约 660 万加拿大居民的人群队列，发现跟住在远离主干道的居民（离主干道 200 米以外）相比，住在 100 米到 200 米的居民患痴呆的风险约升高 2%；住在主干道附近 50 米到 100 米的居民，患痴呆的风险约升高 4%；而住在主干道附近 50 米范围内的居民，患痴呆症的风险约高出

图 4.4　近道路居民大气细颗粒物暴露风险

7%。该研究结果显示了在主干道附近居住的居民出现老年痴呆的风险会更高，推测其主要原因是在近道路附近生活会显著增加个人暴露于交通相关的空气污染以及噪声等。而来自美国加利福尼亚州立大学的一项研究发现，居住在主干道附近（离主干道 500 米以内）的孩子沟通能力比居住地远离公路（离主干道 1 公里以外）的普通孩子差，且出现交流能力发展迟缓的几率要多出两倍。而从出生起就住在公路附近的儿童，其倾向于在童年中期智商表现较低、发展迟缓机率较高。

4-2-2 "煤" 有风险

来自比利时布鲁塞尔的一家非盈利组织—卫生和环境联盟

（HEAL）在 2013 年发布的一项报告显示，欧洲燃煤电厂大气污染物的排放造成了严重的环境污染，导致全欧盟范围内每年约有 1.82 万人过早死亡（世界卫生组织将发生在 30~70 岁之间的死亡定义为过早死亡，过早死亡率是指一个人在 30~70 岁之间死亡的概率），另有 35 万人无法从事日常工作。该报告还指出，每年有超过 100 万人产生哮喘和呼吸急促等呼吸道病症可能与燃煤发电厂排放的烟尘相关。

我国本土能源生产长期以煤矿为主，所以电力供应也是以煤电为主。大量燃煤电厂排放的污染物是我国空气污染的重要组成之一。此外，早期我国对燃煤电厂的执行标准相对较低，使得燃煤电厂排放了大量的颗粒污染物，这些污染物中含有较高浓度二氧化硫、二氧化碳、烟尘等有害组分，其对居民的健康影响一直是公众较为关注的问题。由清华大学和美国健康研究所 2016 年联合发布的一项报告指出，煤炭燃烧是我国大气 $PM_{2.5}$ 的重要来源，2013 年我国有 36.6 万人由于燃煤导致的空气污染而过早死亡，在所有导致死亡的危险因素中排第 12 位，高于高胆固醇、药物使用及二手烟。幸运的是，随着我国能源革命的持续进展，我国大气细颗粒物污染较 2013 年已大幅降低（图 4.5）。

4-2-3 "进城 or 返乡"的暴露风险

1. 城市

城市污染类型主要包括汽车尾气排放污染，工业排放污染，固体垃圾污染等。城市内多是高楼大厦，绿化空间有限，空气质量不

图 4.5　实行可持续能源转型有助于降低空气污染

如农村。尤其早晚高峰，城市的机动车污染较为严重。有研究指出相较于郊区居民，我国城市群（如京津冀城市群、珠三角城市群和长三角城市群）的居民面临着更高的$PM_{2.5}$污染暴露和健康风险。据南京大学环境学院的一项基于我国 74 个主要城市开展的研究，2013年这些城市的居民有 32% 的死亡与$PM_{2.5}$污染相关。该研究显示，2013 年这 74 个城市共死亡 303 万人，其中因心血管疾病、肺癌和呼吸系统疾病死亡人群中，与$PM_{2.5}$污染相关的死亡人群分别占35.3%、46.0% 和 15.7%。研究还指出，2013 年$PM_{2.5}$污染相关死亡在京津冀城市群较为严重，其次是长三角城市群，城市群空气污染可能来自大量工业排放、众多交通运输工具汽车尾气排放等（图 4.6和图 4.7）。

城市主要空气污染来源

汽车尾气　　　　　　　工厂排放　　　　　　　生活垃圾焚烧

农村主要空气污染来源

秸秆燃烧　　　　　木材燃烧和家用燃煤　　　　固体垃圾燃烧

图 4.6　城市和农村主要空气污染来源

图 4.7　城市和农村都存在大气细颗粒物污染问题

2. 农村

我国广大农村的环境污染情况仍较为普遍，危害农村居民健康安全的污染事件时有发生。其中，农村室内空气污染已经成为我国农村面临的主要环境问题之一。北京大学陶澍院士团队长期致力于农村空气污染研究，他们的研究表明农村的做饭和取暖方式会导致室内的空气污染尤其是 $PM_{2.5}$ 污染十分严重，每年可能有数十万人因此而出现过早死亡。研究还指出，农村地区人口 $PM_{2.5}$ 相关死亡风险比城市人口高约 45%，这可能是因为相比于城市，农村地区对固体燃料（如煤炭、木材、农作物秸秆）的依赖程度更高（图 4.6 和图 4.7）。

4-3 谁最容易"受伤"？

不同人群在面临大气细颗粒物暴露时承受健康风险的能力存在差异，其中儿童因免疫系统发育不完善等原因，当暴露于大气细颗粒物时更加脆弱。除导致直接死亡外，引发各种疾病导致健康寿命受损在儿童中也更为普遍。此外，老年人因多患有高血压等慢性基础疾病，极易遭受大气细颗粒物的侵袭，也属于大气细颗粒物暴露脆弱人群（图 4.8）。

4-3-1 "南山敬老院"和"北海幼儿园"

1. PM$_{2.5}$ 对儿童暴露风险

儿童特别容易遭受空气污染影响，一个重要原因是，他们的呼吸速度比成年人快，因此同样暴露浓度下相比成年人会吸进更多的 PM$_{2.5}$。此外，研究数据表明与成人相比，儿童体型较小意味着他们的呼吸水平更接近地面附近排放的污染物，这使他们可能更容易受到交通废气相关排放和大气细颗粒的影响。无论测量位置如何，儿童呼吸高度处的 PM$_{2.5}$ 绝对浓度始终高于成人呼吸高度处的浓度。因此，无论儿童在城市环境中的具体位置如何，患上哮喘等呼吸系统疾病的风险都更高（图 4.9）。

图4.8 大气细颗粒物的易感人群

图 4.9　儿童、成人呼吸高度与汽车尾气排放

　　据联合国儿童基金会数据统计，在 2012~2014 年全球约有 20 亿儿童生活在 $PM_{2.5}$ 超标的地区，其中有 3 亿名儿童的生活地区的 $PM_{2.5}$ 值超过国际标准年度限值（10 微克 / 立方米）的 6 倍或以上。研究显示，非洲地区超 5 亿儿童生活在 $PM_{2.5}$ 超标的地区，亚洲地区超 12 亿，美洲地区超 1.3 亿，欧洲地区超 1.2 亿，这些儿童近 90% 生活在发展中国家。据统计，与空气污染相关的疾病导致近 60 万名 5 岁以下的儿童死亡，其中欧洲地区死亡大约 0.4 万，美洲地区死亡大约 0.9 万，非洲地区死亡大约 33.2 万，东南亚地区死亡大约 17.4 万，西太平洋死亡大约 4.2 万，东地中海区域死亡大约 9.7 万，并且发展中国家 5 岁以下儿童死亡人数高于发达国家。

2. PM$_{2.5}$ 对老年人暴露风险

老年人群的生理代谢水平不断降低，身体健康状况逐年退化，因而大气污染往往给老年人群带来更为严重的健康危害。研究表明，有 10 余种特定疾病死亡风险都与 PM$_{2.5}$ 浓度相关，而关联尤为强烈的是急性心梗、急性缺血性心脏病和其他心脑血管疾病（图 4.10）。研究显示，日均 PM$_{2.5}$ 浓度每增加 10 微克 / 立方米，老年人死亡风险提升 1.05%。据统计，在 2000~2020 年间，人口迅速老年化造成全球室外 PM$_{2.5}$ 导致的健康经济损失增加 21%，老年人群（60 岁以上）承受着超过 59% 的全球 PM$_{2.5}$ 健康经济损失，从侧面也表明了老年人承担着更高的健康风险。

图 4.10　PM$_{2.5}$ 污染与老年人健康风险

4-3-2 PM$_{2.5}$ 更喜欢对哪个性别人群 "下手"？

　　研究表明，女性和男性之间对空气污染的健康反应可能有所不同。然而，目前尚不清楚观察到的变化是否由生物学差异（例如，激素补体、体型）引起还是活动模式、暴露方式、暴露测量准确性方面引起。但大多数变化可能由这些因素的某种组合组成。要充分了解不同空气污染对健康影响的相关途径，分解这些影响仍存在巨大挑战。就目前而言，我国对于成年健康男女（无不良嗜好）在 PM$_{2.5}$ 健康暴露风险上并未发现显著性差异，但在一些特殊群体中表现出一定的差异。例如，已有研究显示，成年男性因 PM$_{2.5}$ 暴露所致的死亡风险更为显著，这很可能是成年男性中存在大量吸烟、饮酒人群，这类人群可能本身存在器官损伤，这加剧了 PM$_{2.5}$ 暴露相关的死亡风险。此外，香烟烟雾可长期停留在沙发、地板、窗帘等介质中，从这些介质中逸散出的三手烟同样也会威胁居民身体健康（图 4.11）。

　　在成年健康女性中，孕妇是空气污染敏感人群。研究表明，长期生活在空气污染环境下容易对胎儿造成影响，孕妇容易生下低体重儿（低体重儿是指出生时体重低于 2.5 千克的婴儿）。空气 PM$_{2.5}$ 污染程度越高，孕妇生下低体重儿的几率越高。PM$_{2.5}$ 浓度每增加 10 微克 / 立方米，新生儿出生体重减少 8.9 克，成为低体重儿的几率增加 3%。而低出生体重关联一系列严重健康问题，包括产后不健全、夭折、心脏疾病，大脑的发育，儿童哮喘以及成年后的肺功能下降等问题（图 4.12）。

图 4.11 家庭三手烟的危害

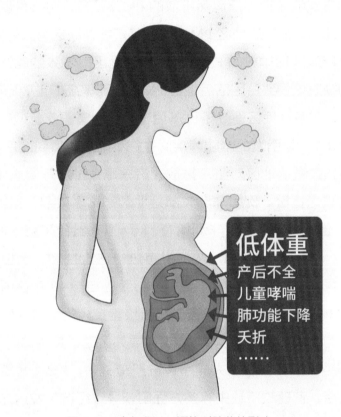

图 4.12　空气 $PM_{2.5}$ 污染对胎儿的影响

4-3-3　财富是"金钟罩"吗？

大气 $PM_{2.5}$ 对人群死亡风险的贫富差异主要体现在三个方面：

其一，欠发达地区往往环境保护意识较差、能源利用率低。非洲、南亚、南美等地区遭受严重空气污染暴露的同时也面临着极端的贫困问题。研究表明，欠发达地区没有足够的经济能力进行能源改革，能源利用方式以生物质燃烧、露天煤燃烧等方式为主，这些比较低效的能源利用方式的单位能源消耗排放的 $PM_{2.5}$ 更多，对人群健康威胁更为严重。此外，欠发达地区 $PM_{2.5}$ 排放工厂往往缺乏有效的除尘措施，造成单位能源消耗排放的 $PM_{2.5}$ 高于发达地区。低效的能源利用与除尘措施的缺乏是导致贫困落后地区 $PM_{2.5}$ 致死率高的重要原因。

其二，欠发达地区医疗条件落后，人民健康医疗意识较弱，遭受因长期 $PM_{2.5}$ 污染引发的哮喘等疾病往往不能及时得到治疗。

其三，欠发达地区对工厂排放、汽车尾气排放等要求中 $PM_{2.5}$ 的管控标准较为宽松。例如非洲大部分地区 $PM_{2.5}$ 浓度超过世界卫生组织推荐标准值，但是目前非洲仅有 18 个国家出台了空气质量标准，仍有 43 个国家对大气 $PM_{2.5}$ 浓度没有进行法定控制，全世界约有三分之一的国家缺乏法定空气质量标准。我国自 2013 年逐渐采取严格措施管控 $PM_{2.5}$ 浓度。如果没有政府直接管控大气细颗粒物浓度，工业尾气中的 $PM_{2.5}$ 可以随意排放，农村或郊区随意焚烧秸秆、垃圾等，这将对周围生活居民及工人健康造成严重威胁。$PM_{2.5}$ 污染严重、医疗条件落后、管理政策缺失等多方面因素导致经济欠发达的居民更容易遭受 $PM_{2.5}$ 污染，经济欠发达地区居民因大气细颗粒污染而导致的死亡率高于经济发达地区。

即使在同一个国家，这种因贫富差异导致的 $PM_{2.5}$ 暴露死亡率的差异仍然存在。以美国为例，研究显示低收入群体生活在更高浓度的 $PM_{2.5}$ 环境，这意味 $PM_{2.5}$ 对他们的健康威胁更严重。此外，高收入群体往往对环境 $PM_{2.5}$ 的人均贡献更多。例如印度低收入群体 $PM_{2.5}$ 主要贡献为做饭和取暖，而高收入群体则通过食品、电力、交通等多种途径贡献 $PM_{2.5}$，且个人排放总量与收入水平呈显著正相关。这种 $PM_{2.5}$ 排放贡献与暴露浓度之间差异性昭示着低收入群体正面临

着 $PM_{2.5}$ 健康损伤的不公平性。高收入群体一般具备更好的医疗条件，有经济能力对早期疾病进行防控。同时，高收入群体有经济能力采取措施降低室内 $PM_{2.5}$ 浓度，其 $PM_{2.5}$ 暴露场景有限且 $PM_{2.5}$ 高浓度暴露时间长度被进一步缩短。这种对 $PM_{2.5}$ 暴露环境的差异性和医疗健康条件的不对等使得低收入人群具有更高的 $PM_{2.5}$ 暴露的死亡风险。未来，针对低收入人群的暴露需要更加有力的精准防控措施。

4-4 室内也不安全?

　　室外 $PM_{2.5}$ 污染导致的健康问题已在全世界引起广泛关注,世界主要经济体如美国、欧盟、日本及中国均采取强有力的措施控制 $PM_{2.5}$ 浓度。以我国为例,我国 $PM_{2.5}$ 浓度自 2013 年起已连续 8 年下降,2021 年年均 $PM_{2.5}$ 浓度达到 30 微克 / 立方米。然而,与室外 $PM_{2.5}$ 相比,室内 $PM_{2.5}$ 污染尚未得到足够重视。研究表明,2019 年我国室内 $PM_{2.5}$ 导致人群死亡数已基本与室外 $PM_{2.5}$ 持平,随着室外空气质量进一步改善,室内 $PM_{2.5}$ 对人群的死亡率将成为未来 $PM_{2.5}$ 致死主要贡献源(如室外 $PM_{2.5}$ 达到世界卫生组织推荐值 5 微克 / 立方米,其 $PM_{2.5}$ 致死率估计室外源占 5%,室内源将高达 70%)。

　　家庭生物质燃烧是室内 $PM_{2.5}$ 的主要来源,主要包括生物质取暖、生物质燃炉做饭等(图 4.13 和图 4.14)。在我国中西部地区(特别是农村),仍有相当部分地区家庭生火做饭采用传统生物质燃炉。在南亚、非洲等欠发达地区,许多家庭做饭或取暖的能源也取自于生物质燃烧。即使在发达国家,壁炉取暖也是许多家庭的重要选择。生物质燃烧的便捷性和简易性使得这一传统能源方式很难被取缔。对于大多数地区而言,采用生物质取暖或生火做饭,采用的是直接开放式燃烧,这种燃烧方式低效,在燃烧的同时会释放大量的 $PM_{2.5}$,浓度甚至可达数千微克 / 立方米(2021 年室外 $PM_{2.5}$ 均值为 30 微克 / 立方米),长期暴露

图 4.13　室内空气污染类型

图 4.14 减少室内细颗粒物浓度的六个途径

于室内 $PM_{2.5}$ 污染可能会导致严重的健康危害甚至死亡。

据 2022 年 WHO 的统计报告，2019 年因家庭空气污染导致的人群死亡率达每 10 万人约有 40.48 人死亡，其中男性每 10 万人约有 43.07 人死亡，女性每 10 万人约有 37.84 人死亡，每年因家庭污染导致的死亡人数更是多达 380 万。世界不同地区面临着不同程度的家庭污染困境。其中以东南亚地区尤为突出，每年每 10 万人约有

56.71 个女性、62.14 个男性因室内空气污染而去世。室内家庭污染与地区经济条件有关，家庭空气污染严重的地区多在非洲中南部、东南亚、南亚等地，这些地区经济条件较为落后，家庭做饭取暖主要方式以生物质燃烧、燃煤为主，排放烟气未经处理直接排放到室内空气中，排放的烟气中包含高浓度的有害 $PM_{2.5}$，会对人体多个器官造成损伤。此外，采用这类传统能源方式的地区往往医疗条件较为落后，许多人往往缺乏甚至没有健康意识，对 $PM_{2.5}$ 暴露引发的健康危害前兆没有重视，$PM_{2.5}$ 导致的死亡率或其他健康危害形势更为严峻。

　　家庭室内燃烧释放的 $PM_{2.5}$ 主要导致人呼吸道组织、心血管组织受损。据 2019 年 WHO 统计数据，家庭空气污染导致人群患病死亡风险由高到低依次为冠心病、中风、下呼吸道感染、慢性阻塞性肺病、支气管及肺癌。例如，我国 2019 因家庭空气污染死亡人数约有 73 万，其中下呼吸道感染 3.7 万、支气管及肺癌 11 万、冠心病 21 万、中风 21 万、慢阻肺 16 万，我国每年因家庭空气污染而去世的人数居世界前列。室内 $PM_{2.5}$ 污染对儿童危害尤为严重。儿童在家庭室内玩耍时间长，缺乏自我保护意识以及尚不成熟的免疫系统使得儿童在遭受家庭空气污染时较成人受到危害更大。儿童因 $PM_{2.5}$ 暴露而直接死亡多由诱发儿童急性下呼吸道感染，2019 年我国有 3542 名儿童因家庭空气污染而去世。此外，严重的室内 $PM_{2.5}$ 污染多发于经济欠发达地区，经济欠发达地区居民一般对生物质燃烧产生细颗粒物危害认识不够，长期暴露于高浓度高危害的室内 $PM_{2.5}$ 而不自知。对于经济欠发达地区的居民，室内 $PM_{2.5}$ 引发的危害甚至超过室外 $PM_{2.5}$。因此，正确科学地开展空气污染普及教育事业任重道远（图 4.15）。

图 4.15　生活中的空气污染

第 5 章

大气污染防治，握好健康指挥棒

　　为持续改善空气质量、保障人民健康，我国政府先后推出《大气污染防治行动计划》《打赢蓝天保卫战三年行动计划》等系列举措，并取得显著成效。但与世界卫生组织（WHO）关于大气细颗粒物污染浓度推荐值（年平均浓度 5 微克 / 立方米）还存在一定差距，我国空气质量的改善工作仍面临严峻挑战。未来，为全面建成富强民主文明和谐美丽的社会主义现代化强国、促进人类社会可持续发展，我国提出"碳达峰""碳中和"、探索 $PM_{2.5}$ 与臭氧（O_3）协同治理、并倡导 $PM_{2.5}$ 污染防治从单一质量削减向以健康效益为导向转变，以满足人民对美好生活向往的需求。

本章作者：陆达伟，龙才成，林悦，张玺恩

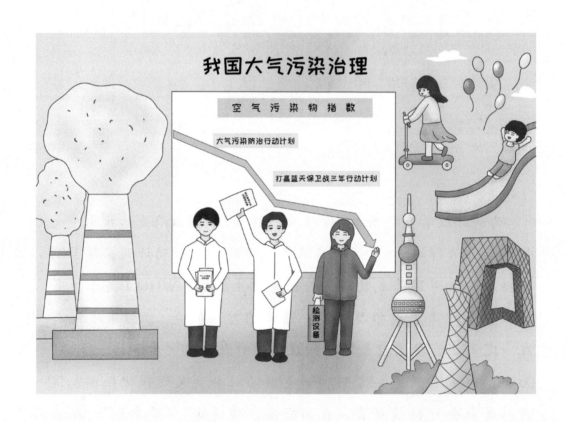

我国大气污染治理

空气污染物指数

大气污染防治行动计划

打赢蓝天保卫战三年行动计划

检测设备

5-1 把雾霾变成"远去的小伙伴"

5-1-1 破霾的十个锦囊

自 2013 年世界卫生组织（WHO）首次将大气颗粒物列为可导致肺癌的 I 类致癌物以来，大气污染物已成为全球第五大致死风险因素。根据全球疾病负担研究的报告，2013 年大气污染导致我国 91.6 万人过早死亡。随着经济的发展和城市化进程的加快，大气污染防治成为环境和人类健康面临的重要挑战，为此，国务院在 2013 年 9 月颁布出台了《大气污染防治行动计划》又被简称为"大气十条"（图 5.1）。

计划书中涉及能源结构调整、工业废旧产能升级、机动车环保管理、相关法律体系建设、重污染预警等十条措施。该计划的具体指标包括：到 2017 年，全国地级及以上城市可吸入颗粒物浓度较 2012 年下降 10% 以上，空气质量优良天数逐年提高；京津冀、长三角、珠三角等区域细颗粒物（$PM_{2.5}$）浓度分别下降 25%、20%、15% 左右，其中北京市细颗粒物年均浓度控制在 60 微克 / 立方米左右。国内外学者研究了"大气十条"政策对北京地区细颗粒物的健康负担效应，同时提出了基于健康风险的空气质量指数。数据显示因细颗粒物及臭氧导致的死亡率分别下降了 5.6% 和 18.5%。此外，基于空气

图 5.1　大气污染防治行动计划

污染与健康效益评估模型（BenMAP），结合人口分布资料，有研究系统评估了"大气十条"实施后，PM$_{2.5}$污染变化引起的环境健康收益。2013 年 11 月 16 日，环境保护部环境规划院研究员王金南表示，"大气十条"如果得到完整落实，每

环境保护部

环境保护部，2018年3月，第十三届全国人民代表大会第一次会议批准了《国务院机构改革方案》，组建生态环境部，不再保留环境保护部。

年可避免 8.9 万居民过早死亡，并可减少 12 万人次住院治疗以及 941 万人次的门诊及急诊病例，实现 867 亿元 / 年的健康效益。

5-1-2　给天空披上蓝战衣

2017 年"大气污染防治行动计划"取得进展，全国的空气质量总体得到改善，一些重点区域如京津冀、长三角、珠三角等污染情况改善明显（图 5.2）。作为世界上最大的发展中国家，我国的大气污染治理仍不容松懈。对比世界其他发达国家，我国仍是空气污染较为严重的国家之一。

基于此，时任总理李克强在 2017 年的十二届全国人民代表大会第五次会议的政府工作报告中庄严承诺"坚决打好蓝天保卫战"。随后，国务院在 2018 年颁布了《打赢蓝天保卫战三年行动计划》（以下简称《行动计划》）。该措施进一步明确了大气污染防治的行动方案。对我国空气污染物排放浓度目标值、空气质量优良天数及重度污染天数比率都提出了明确要求（图 5.3）。

《行动计划》指出"到 2020 年，SO_2、NO_x 排放总量分别比 2015 年下降 15% 以上；$PM_{2.5}$ 未达标地级及以上城市浓度比 2015 年下降 18% 以上，地级及以上城市空气质量优良天数比率达到 80%，重度及以上污染天数比率比 2015 年下降 25% 以上。并且《行动计划》还分别从调整优化产业结构、调整能源结构、调整运输结构、调整用地结构、重大专项行动、强化区域联防联控六方面提出改进措施，并明确了量化指标和完成时限。

研究表明 2020 年全国大气污染状况得到了进一步改善，全国 337 个地级及以上城市环境空气质量平均优良天数比例为 87.0%，与上一年度同比提高了 5.0 个百分点。$PM_{2.5}$ 浓度为 31 微克/立方

图 5.2　良好的空气环境与健康生活

图 5.3　我国大气污染防治过程中的政策措施

米，同比下降了 8.3%。PM_{10} 浓度为 56 微克 / 立方米，同比下降了
11.1%。北京航空航天大学经济管理学院的谢杨等研究人员用人群健
康模型（IMED/HEL）评估了北京 – 天津 – 河北地区实施《行动计划》
与 $PM_{2.5}$ 相关的健康效益。研究结果表明，到 2020 年，$PM_{2.5}$ 的降低
可避免北京 – 天津 – 河北地区 356.1 万例与大气污染相关的疾病发病
率和 2.4 万例过早死亡，其中河北受益最多。到 2030 年，可避免的
与大气污染相关的疾病病例 294.3 万例，死亡病例 2 万例。

5-2 健康呼吸还有多远？

5-2-1 战"烟雾怪兽"，还需更多超能力！

我国经过《大气污染防治行动计划》和《打赢蓝天保卫战三年行动计划》等政策措施的持续努力，大气环境质量总体得到了明显改善。在 2013~2017 年间，我国人口加权的 $PM_{2.5}$ 年均浓度从 67.4 微克 / 立方米下降至 45.5 微克 / 立方米，下降幅度为 32%。2020 年全国平均 $PM_{2.5}$ 浓度已下降到 33 微克 / 立方米。

但现阶段我国大气污染水平在世界范围内排名仍较为靠前，高于同期美国、英国等发达国家人口加权 $PM_{2.5}$ 的年均浓度（约 10 微克 / 立方米），更是远超世界卫生组织在 2021 年发布的空气质量建议准则值（5 微克 / 立方米）。2020 年，全国 337 个地级及以上城市仍有 37.1% 的城市 $PM_{2.5}$ 年均浓度达不到《环境空气质量标准》（GB 3095–2012）二级标准限值（图 5.4）。

需要注意的是，全国大范围的重污染天气仍时有发生，2020 年，京津冀地区大气 $PM_{2.5}$ 年均浓度高达 51 微克 / 立方米，平均超标天数比例为 36.5%，以 $PM_{2.5}$ 为首要污染物的天数占污染总天数的 48.0%，汾渭平原大气 $PM_{2.5}$ 年均浓度高达 48 微克 / 立方米，平均超标天数比例为 29.4%，以 $PM_{2.5}$ 为首要污染物的天数占污染总天数的 56.4%。

图 5.4 大气污染防治仍面临严峻挑战

为此，我国在《中华人民共和国国民经济和社会发展第十四个五年规划和 2035 年远景目标纲要》中明确提出要深入打好污染防治攻坚战，强化多污染物协同控制和区域协同治理，加强城市大气质量达标管理，推进 $PM_{2.5}$ 和 O_3 协同控制。

5-2-2 微小粒子，没有最低只需更低

尽管我国空气质量出现了显著改善，但其健康收益却相对有限。具体来说，全国范围内，人口加权 $PM_{2.5}$ 年均浓度从 2013 年到 2017 年下降约 32%，但与此同时 $PM_{2.5}$ 长期暴露的超额死亡人数仅降低了

14%，由 2013 年的 120 万降至 103 万。此外，在 2019 年《柳叶刀》（*The Lancet*）发表的 2017 年中国疾病负担研究中表明，空气污染仍是我国排名第 4 的健康风险因素。如本书前文所述，大气细颗粒物污染与多种疾病的发生发展密切相关，和 $PM_{2.5}$ 污染密切相关的心血管疾病已经成为全球疾病负担的首要疾病，在我国也是影响健康的重要风险因子（图 5.5）。此外，肺癌在我国的发病率也呈现增长的趋势，目前是我国死亡率最高的癌症。

上述研究结果说明 $PM_{2.5}$ 的健康效应可能更为复杂，其效应可能具有滞后性和持续性。即便空气质量好转，但之前受到的暴露可能仍对健康存在危害。2019 年，复旦大学阚海东教授团队在关于全球 652 个城市的大气

阈值

阈值，指一种物质使机体（人或实验动物）开始发生效应的剂量或浓度，即低于阈值时效应不发生，而达到阈值时效应将发生。

颗粒物（$PM_{2.5}$、PM_{10}）污染与日死亡率之间的关系的研究中，建立了全球尺度的 $PM_{2.5}$ 剂量 – 反应曲线［图 5.6（a）］。研究发现，大气细颗粒物的剂量 – 反应曲线符合无阈值的情况［图 5.6（b）和（c）］，这说明空气中 $PM_{2.5}$ 的浓度越低越好，不存在安全的接触水平。而在 2022 年 9 月发表在《科学进展》（*Science Advances*）的一项研究指出，长期暴露于低浓度的 $PM_{2.5}$ 仍存在较严重的健康风险（图 5.7）。因此，在未来较长的一段时间内，$PM_{2.5}$ 污染仍然将是危害我国国民健康的重要因素。

图 5.5　大气污染导致的人体疾病

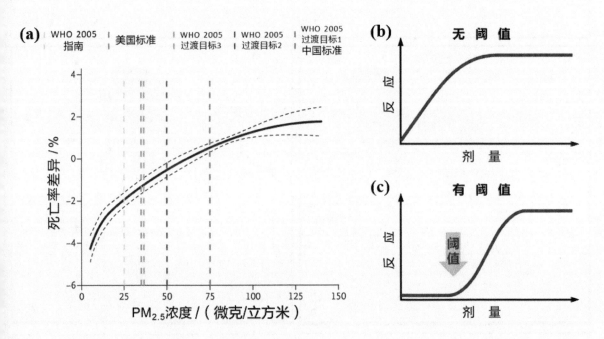

图 5.6　（a）全球 PM$_{2.5}$ 剂量 – 反应曲线。横轴为 PM$_{2.5}$ 的 2 日移动平均浓度（微克/立方米），纵轴为日死亡率相较于平均水平的差异（%），虚线表示空气质量指南或标准中 PM$_{2.5}$ 的 24 小时平均浓度值;（b）和（c）剂量 – 反应曲线与阈值

图 5.7　低浓度 PM$_{2.5}$ 对人体的影响

5-3 超级环保联盟，拯救蓝天大作战！

5-3-1 与"碳碳"相遇，让大气污染悄然变身

　　"双碳"目标是"碳达峰"与"碳中和"这两个名词的简称，"碳达峰"即 CO_2 排放达到峰值水平，"碳中和"即排放的 CO_2 的总量与固定的 CO_2 的总量达到平衡，最终实现 CO_2 的零排放。以 CO_2 为绝对主要成分的温室气体排放造成的全球气候变化已经成为全人类面临的严峻性问题。在 2015 年的巴黎气候变化大会上，全世界 178 个国家和地区共同通过了继《京都议定书》后第二份具有法律效力的气候变化协定——《巴黎协定》。这标志着进入 21 世纪以来，面对温室气体导致的日益严峻的气候问题，各国政府一致认为，应对这一全球性的挑战，需要强有力的国际合作。中国作为负责任的发展中大国，在履行相关领域的国际义务时始终尽职尽责，和其他国家积极合作，携手解决在生产发展过程中带来的环境问题。2020 年 9 月 22 日，习近平主席在第 75 届联合国大会一般性辩论上庄严宣布：中国 CO_2 排放力争于 2030 年前达到峰值，努力争取 2060 年前实现"碳中和"。在 2021 年十三届全国人大四次会议和全国政协十三届四次会议上，"碳达峰"和"碳中和"被首次写入政府工作报告。

　　$PM_{2.5}$ 导致的空气污染与温室气体排放导致的气候变化两者紧密

关联（图 5.8）。一方面，CO_2 等温室气体引起的全球气候变暖，大气温度的变化会影响细颗粒污染物的形成，同时也会影响大气环流的方向，影响污染物的迁移和扩散。另一方面，细颗粒物含量增高又会反作用于气候变化，$PM_{2.5}$ 和 PM_{10} 等大气污染物可以通过改变大气对阳光的反射，进一步对成云和降雨的过程造成扰动，从而导致气候发生变化。细颗粒物与温室气体（如 CO_2、CH_4 等），均与化石燃料及矿物质等燃烧过程关系密切。所以，从排放源的角度来看，空气污染和气候变化在一定程度上有共同的原因，因此需要采取协同策略来治理大气细颗粒物污染和温室气体排放。国内相关学者利用相关模型（区域气候 - 化学 - 生态耦合模型，RegCM-Chem-YIBs）评估和预测了"双

图 5.8　"双碳"背景下的大气污染防控

碳"背景下我国未来空气污染和气候变化趋势。预测结果显示，相对于 2015 年，2030 年中国地区 $PM_{2.5}$ 和 CO_2 平均浓度将会分别下降 36.8 微克／立方米和 1.9 微克／升。实现我国 2060 年的碳中和目标，将对我国经济和公共卫生乃至全球气候变化产生深远而持久的影响（图 5.9）。

根据清华大学地球系统数值模拟教育部重点实验室的一项模型分析表明，通过能源结构和整个经济的深度减碳，在 2020~2060 年可避免 22 万 ~5000 万人过早死亡，2060 年人均寿命可达 80 岁。在更严格的末端空气污染控制情景下，以发展可再生能源为主导的碳中和路径是中国空气质量达到世界卫生组织（WHO）指导值的必由之路。减污降碳协调增效是"十四五"期间的重要工作之一，研究分析与"双碳"目标相协同的空气质量目标，不仅是适应中国高质量发展的要求，更是满足人民对美好生活向往的需求（图 5.10）。

5-3-2　小怪兽大联盟，挑战大气污染霸主

自 2013 年以来，全国 $PM_{2.5}$ 浓度明显下降，但 O_3 浓度呈现波动上升的趋势，这也对我国大气污染协同治理提出了新的挑战。清华大学的研究人员利用中国大气成分近实时追踪数据集（TAP）分析了 2013~2020 年中国各地 $PM_{2.5}$ 浓度的时空变化，并评估了长期和短期空气污染暴露导致的死亡率。研究表明 2013~2020 年期间，全国 $PM_{2.5}$ 暴露量下降了 48%，与 2013 年的水平相比，空气质量的改善在 2020 年分别使 30.8 万人和 1.6 万人避免了长期和短期空气污染暴露所致的相关死亡，但是大气污染成分复杂，$PM_{2.5}$ 和 O_3 之间存在着

图 5.9 "双碳"背景下人们生活方式的改变

图 5.10　能源结构调整与新能源的使用

复杂的相互作用关系。一种污染物的变化会随着其他污染物的变化而变化。O_3 是通过污染源排放的挥发性有机物和氮氧化物在阳光照射下发生光化学反应的产物，属于二次污染物。NO_x、SO_2、VOCs 等在复杂大气环境中也可以发生反应形成二次 $PM_{2.5}$。因此，$PM_{2.5}$ 和 O_3 污染在一定程度上是同根同源，是大气复合污染的两种表现形式（图 5.11）。

最近的一项研究表明，2013 至 2017 年，京津冀、长三角、珠三角和四川盆地夏季 O_3 水平分别以 3.1 ppbv/ 年、2.3 ppbv/ 年、0.56 ppbv/ 年和 1.6 ppbv/ 年的速度增长。这很可能是由于 $PM_{2.5}$ 的减少促进了 O_3 的光化学反应速率。类似的现象在我国其他地区也能被观察

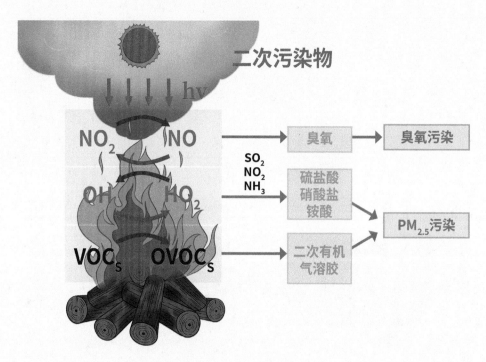

图 5.11　大气复合污染的两种表现形式

到。此外，流行病学研究表明，O$_3$ 污染可导致多种疾病，如呼吸道发炎、肺功能下降、哮喘加重等（图 5.12）。相关研究评估了我国短期暴露于 PM$_{2.5}$ 或 O$_3$ 的健康风险。

ppbv

ppbv，指大气中浓度，按体积计算十亿分之一。

短期暴露于 PM$_{2.5}$ 导致的过早死亡人数从 2013 年的 10.89 万人下降到 2020 年的 6.42 万人。然而，在相同时期，短期 O$_3$ 暴露水平却显著增加。短期暴露于 O$_3$ 导致的过早死亡人数从 2013 年的 51.4 万人增加到 2020 年的 802 万人。通过荟萃分析也证实了 O$_3$ 对人群健康的影响，并发现

图 5.12　臭氧的理化性质及其对人体健康的危害

了其与相关疾病死亡率的剂量 - 反应关系。尽管不同研究对 O_3 相关健康影响的估计存在一定的不确定性，但所有这些研究都表明，目前的 O_3 水平已经影响了健康，而且危害可能还在增加。如果 O_3 持续增加，$PM_{2.5}$ 降低带来的健康收益可能会被抵消。因此，随着 $PM_{2.5}$ 污染的持续减少，O_3 污染对公众健康的威胁越来越大。为了保护公众健康，未来应继续加强 $PM_{2.5}$ 和 O_3 污染管控，比如，精准、科学地减排 VOCs 和 NO_x，从而实现 $PM_{2.5}$ 和 O_3 的协同控制。

目前，我国 $PM_{2.5}$ 与 O_3 协同控制中还存在基础科学研究不足和污染控制管理不完善的问题，在未来还需要借助新技术从多个时间或空间维度开展 $PM_{2.5}$ 与 O_3 复合污染的机理研究（图 5.13），应通过模拟预测与真实暴露研究相结合，为制定更加精准、高效的控制政策及防治提供科学依据和理论支撑。

↴ 5-3-3 揭秘大气污染防治的健康新密码

2021 年 9 月 22 日，基于 500 余篇学术论文提供的科学证据，世界卫生组织修订并发布了 2021 版《全球空气质量指南》（ *WHO Global Air Quality Guidelines* ）。相比于 2005 版，新指南下调了部分空气污染物浓度的推荐值。其中，$PM_{2.5}$ 年平均浓度由 10 微克 / 立方米下调到 5 微克 / 立方米，24 小时平均浓度由 25 微克 / 立方米下调到 15 微克 / 立方米。2022 年 9 月发表在《科学进展》（ *Science Advances* ）的一项研究评估了世界卫生组织新指南对降低公共健康风险的重大意义，揭示 $PM_{2.5}$ 浓度达到世界卫生组织新指南推荐值将对全球健康的收益比之前预期的要大得多。在我国，2017 年顾东风院士团队在心血管领

图 5.13　人工智能在污染防控中的应用

域顶级期刊《循环》(*Circulation*)上的研究指出，2017~2030 年，若将 $PM_{2.5}$ 年平均浓度从 61 微克 / 立方米（模拟计算的现状平均浓度）改善到 35 微克 / 立方米（我国空气质量二级标准），则我国城市地区因心血管疾病造成的死亡可减少 266.5 万例；若在此基础上改善到 10 微克 / 立方米（WHO 推荐值，2005 版），则可进一步减少 202.6 万例死亡。相比于血压或吸烟控制带来的健康收益（图 5.14），我国进一步降低 $PM_{2.5}$ 污染水平可以带来更加显著的健康收益。

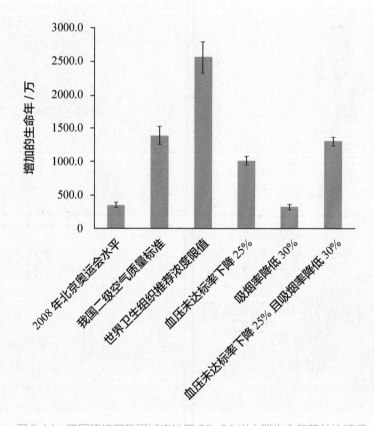

图 5.14　不同情境下我国城市地区 35~84 岁人群生命年获益的情况

　　根据流行病学的研究结果，单位质量浓度的 $PM_{2.5}$ 的健康效应存在显著的时空差异。这可能是因为 $PM_{2.5}$ 的毒性与健康影响不仅与 $PM_{2.5}$ 的暴露水平或质量浓度有关，还与 $PM_{2.5}$ 的组成、形态和在生物体内的具体作用机制密切相关。我国 $PM_{2.5}$ 污染在组分理化性质、赋存水平、时空分布等方面差异巨大，其中的毒性组分及健康危害机制仍未完全厘清。未来单纯以 $PM_{2.5}$ 质量浓度为基准削减很难满足新的污染防治需求，其付出的经济成本也将巨大。因此，未来我们的空气污染防治策略需要从单一质量浓度削减向以健康效应为导向进行转变（图 5.15）。

图 5.15　以健康效应为导向的大气污染防治

由于 $PM_{2.5}$ 污染导致的健康问题是多因素、多层次交互作用的结果。这一问题的高度复杂性决定了其研究必然是多学科交叉，单一学科方法和研究手段难以解决这一复杂问题。因此，为更好地服务以健康

时空组学

时空组学是一种跨学科的研究领域，它结合了基因组学、空间转录组学和时间序列分析等多种技术，以研究生命的复杂性和动态变化。

效益为导向的大气污染防控需求，未来需结合新技术手段进一步对较低浓度 $PM_{2.5}$ 中未知毒性组分及其健康危害机制进行深入研究。比如，借助高分辨化学分析技术和机器学习等技术对 $PM_{2.5}$ 中关键毒性组分进行精准识别与管控；通过高通量多功能成组毒理学系统、表观遗传和时空组学等多组学技术揭示细颗粒物的具体危害机理；结合人工智能大数据、暴露组分析技术等对环境中 $PM_{2.5}$ 及其复杂组分进行精准防控与健康预警（图 5.16）。

图 5.16　人工智能监测在大气污染健康效应评价中的应用

参 考 文 献

孙志伟. 2017.毒理学基础 (第七版)[M]. 北京: 人民卫生出版社.

陶凤, 汤艺甜. 2020.7600万能否重振澳大利亚旅游业 [N]. 北京商报, 2020-01-21(8).

王逸. 2021. 野火肆虐美国13州, 2万名消防员灭火, 气象学者: 火灾危险将持续下去 [N]. 环球时报, 2021-07-20.

谢元博, 陈娟, 李巍. 2014. 雾霾重污染期间北京居民对高浓度$PM_{2.5}$持续暴露的健康风险及其损害价值评估 [J]. 环境科学, 35(1): 1-8.

徐北瑶, 王体健, 李树, 等. 2022. "双碳" 目标对我国未来空气污染和气候变化的影响评估 [J]. 科学通报, 67(8): 784-794.

薛涛, 刘俊, 张强, 等. 2020. 2013~2017年中国$PM_{2.5}$污染的快速改善及其健康效益 [J]. 中国科学: 地球科学, 50(4):441-452.

张雨竹, 詹菁, 刘倩, 等. 2021. 大气细颗粒物引发的神经毒性和分子机理 [J]. 化学进展. 33(5): 713-725.

中华人民共和国应急管理部. 2022. 2022年前三季度全国自然灾害情况 [R], 2022-10-10.

Allen A M, Therneau T M, Larson J J, et al. 2018.Nonalcoholic fatty liver disease incidence and impact on metabolic burden and death: A 20 year-community study [J]. Hepatology, 67(5): 1726-1736.

American Lung Association. 2022. State of the Air [R], 2022-04-15.

Andersen Z J, Liu S, Jørgensen J T, et al. 2021. Long-term air pollution exposure and mortality due to dementia, Parkinson's Disease and psychiatric disorders: the ELAPSE project; proceedings of the ISEE Conference Abstracts, F, [C].

Anderson A M, Carter K W, Anderson D, et al. 2012. Coexpression of nuclear receptors and histone methylation modifying genes in the testis: implications for endocrine disruptor modes of action [J]. PloS one, 7(4): e34158.

Aretz B, Janssen F, Vonk J M, et al. 2021. Long-term exposure to fine particulate matter, lung function and cognitive performance: A prospective Dutch cohort study on the underlying routes [J]. Environ Res, 201.

Awad A M, Martinez A, Marek R F, et al. 2016. Occurrence and distribution of two hydroxylated polychlorinated biphenyl congeners in Chicago air [J]. Environ Sci Technol Lett, 3(2): 47-51.

Bäck M, Yurdagul A, Tabas I, et al. 2019. Inflammation and its resolution in atherosclerosis: mediators and therapeutic opportunities [J]. Nat Rev Cardiol, 16(7): 389-406.

Bai L, Shin S, Burnett R T, et al. 2020. Exposure to ambient air pollution and the incidence of lung cancer and breast cancer in the Ontario Population Health and Environment Cohort [J]. Int J Cancer, 146(9): 2450-2459.

Balakrishnan K, Dey S, Gupta T, et al. 2019. The impact of air pollution on deaths, disease burden, and life expectancy across the states of India: the Global Burden of Disease Study 2017 [J]. Lancet Planet Health, 3(1): e26-e39.

Bank W. 2022.The Global Health Cost of $PM_{2.5}$ Air Pollution: A Case for Action Beyond 2021 [M]. The World Bank.

Bennett J E, Tamura W H, Parks R M, et al. 2019.Particulate matter air pollution and national and county life expectancy loss in the USA: A spatiotemporal analysis [J]. PLoS Med, 16(7): e1002856.

Bikbov B, Purcell C, Levey A S, et al. 2020. Global, regional, and national burden of chronic kidney disease, 1990-2017: a systematic analysis for the Global Burden of Disease Study 2017 [J]. Lancet, 395(10225): 709-733.

Bo Y, Brook J R, Lin C, et al. 2021. Reduced Ambient $PM_{2.5}$ Was Associated with a Decreased Risk of Chronic Kidney Disease: A Longitudinal Cohort Study [J]. Environ Sci Technol, 55(10): 6876-6883.

Bo Y, Chang L Y, Guo C, et al. 2021. Reduced ambient $PM_{2.5}$, better lung function, and decreased risk of chronic obstructive pulmonary disease [J]. Environ Int, 156.

Bove H, Bongaerts E, Slenders E, et al. 2019. Ambient black carbon particles reach the fetal side of human placenta [J]. Nat Commun, 10: 3866.

Brookmeyer R, Johnson E, Ziegler G K, et al. 2007. Forecasting the global burden of Alzheimer's disease [J]. Alzheimers & Dementia, 3(3): 186-191.

Chen G, Jin Z, Li S, et al. 2018. Early life exposure to particulate matter air pollution (PM_1, $PM_{2.5}$ and PM_{10}) and autism in Shanghai, China: A case-control study [J]. Environ Int, 121: 1121-1127.

Chen H, Burnett R T, Kwong J C, et al. 2014. Spatial Association Between Ambient Fine Particulate Matter and Incident Hypertension [J]. Circulation, 129(5): 562-569.

Chen H, Kwong J C, Copes R, et al. 2017. Living near major roads and the incidence of dementia, Parkinson's disease, and multiple sclerosis: a population-based cohort study [J]. Lancet, 389(10070): 718-726.

Chen R, Yin P, Meng X, et al. 2017. Fine particulate air pollution and daily mortality. A nationwide analysis in 272 Chinese cities [J]. Am J Respir Crit Care Med, 196(1): 73-81.

Chen T F, Lee S H, Zheng W R, et al. 2022. White matter pathology in alzheimer's transgenic mice with chronic exposure to low-level ambient fine particulate matter [J]. Part Fibre Toxicol, 19(1): 44.

Del-Mazo J, Brieño-Enríquez M A, García-López J, et al. 2013. Endocrine disruptors, gene deregulation and male germ cell tumors [J]. Int J Dev Biol, 57(2-3-4): 225-239.

Di Q, Dai L, Wang Y, et al. 2017. Association of short-term exposure to air pollution with mortality in older adults [J]. JAMA, 318(24): 2446-2456.

Diao X, Xie C, Xie G, et al. 2022. Mass Spectrometry Imaging Revealed Sulfatides Depletion in Brain Tissues of Rats Exposed in Real Air with High Fine Particulate

Matter [J]. Environ Sci Technol Lett, 9(10): 856-862.

Doran A C, Yurdagul A, Tabas I. 2020. Efferocytosis in health and disease [J]. Nat Rev Immunol, 20(4): 254-267.

Dorsey E R, Constantinescu R, Thompson J P, et al. 2007. Projected number of people with Parkinson disease in the most populous nations, 2005 through 2030 [J]. Neurology, 68(5): 384-386.

Fan J, Li S, Fan C, et al. 2016. The impact of $PM_{2.5}$ on asthma emergency department visits: a systematic review and meta-analysis [J]. Environ Sci Pollut Res, 23(1): 843-850.

Fang D, Wang Q, Li H, et al. 2016. Mortality effects assessment of ambient $PM_{2.5}$ pollution in the 74 leading cities of China [J]. Sci Total Environ, 569: 1545-1552.

Fiasca F, Minelli M, Maio D, et al. 2020. Associations between COVID-19 incidence rates and the exposure to $PM_{2.5}$ and NO_2: A nationwide observational study in Italy [J]. Int J Env Res Public Health, 17(24): 9318.

Gauthier S, Reisberg B, Zaudig M, et al. 2006. Mild cognitive impairment [J]. 367(9518): 1262-1270.

Grandjean P, Grønlund C, Kjær I M, et al. 2012. Reproductive hormone profile and pubertal development in 14-year-old boys prenatally exposed to polychlorinated biphenyls [J]. Reprod Toxicol, 34(4): 498-503.

Guo C, Zeng Y, Chang L Y, et al. 2020. Independent and opposing associations of habitual exercise and chronic $PM_{2.5}$ exposures on hypertension incidence [J]. Circulation, 142(7): 645-656.

Guo H, Li W, Wu J. 2020. Ambient $PM_{2.5}$ and annual lung cancer incidence: a nationwide study in 295 Chinese counties [J]. Int J Env Res Public Health, 17(5): 1481.

Guo T, Wang Y, Zhang Y, et al. 2017. Association between $PM_{2.5}$ exposure and the risk of preterm birth in Henan, China: a retrospective cohort study [J]. Lancet, 390: S24.

Gurgueira S A, Lawrence J, Coull B, et al. 2002. Rapid increases in the steady-state concentration of reactive oxygen species in the lungs and heart after particulate air pollution inhalation [J]. Environ Health Perspect, 110(8): 749-755.

Holme S A N, Sigsgaard T, Holme J A, et al. 2020. Effects of particulate matter on atherosclerosis: a link via high-density lipoprotein (HDL) functionality? [J]. Part Fibre Toxicol, 17(1): 36.

Hu Y, Ji J S, Zhao B. 2022. Deaths attributable to indoor $PM_{2.5}$ in urban China when outdoor air meets 2021 WHO Air Quality Guidelines [J]. Environ Sci Technol, 56(22): 15882-15891.

Huang C, Moran A E, Coxson P G, et al. 2017. Potential cardiovascular and total mortality benefits of air pollution control in urban China[J]. Circulation, 136: 1575-1584.

Huang J, Li G, Wang J, et al. 2019. Associations between long-term ambient $PM_{2.5}$ exposure and prevalence of chronic kidney disease in China: a national cross-sectional study [J]. Lancet, 394: S93.

Isiugo K, Jandarov R, Cox J, et al. 2019. Indoor particulate matter and lung function in children [J]. Sci Total Environ, 663: 408-417.

Janssen B G, Munters E, Pieters N, et al. 2012. Placental mitochondrial DNA content and particulate air pollution during in utero life [J]. Environ Health Perspect, 120(9): 1346-1352.

Kawanaka Y, Matsumoto E, Sakamoto K, et al. 2004. Size distributions of mutagenic compounds and mutagenicity in atmospheric particulate matter collected with a low-pressure cascade impactor [J]. Atmospheric Environ, 38(14): 2125-2132.

Kirrane E F, Bowman C, Davis J A, et al. 2015. Associations of Ozone and $PM_{2.5}$ Concentrations With Parkinson's Disease Among Participants in the Agricultural Health Study [J]. J Occup Environ Med, 57(5): 509-517.

Kreyling W G, Möller W, Holzwarth U, et al. 2018.Age-dependent rat lung deposition patterns of inhaled 20 nanometer gold nanoparticles and their quantitative biokinetics in adult rats [J]. ACS Nano, 12(8): 7771-7790.

Kunzli N, Jerrett M, Mack W J, et al. 2005.Ambient air pollution and atherosclerosis in Los Angeles [J]. Environ Health Perspect, 113(2): 201-206.

Lee G I, Saravia J, You D, et al. 2014. Exposure to combustion generated environmentally persistent free radicals enhances severity of influenza virus infection [J]. Part Fibre Toxicol, 11: 57.

Lemos M C D. 1998. The politics of pollution control in Brazil: State actors and social movements cleaning up Cubatao [J]. world dev, 26(1): 75-87.

Li H, Cai J, Chen R, et al. 2017. Particulate matter exposure and stress hormone levels a randomized, double-blind, crossover trial of air purification [J]. Circulation, 136(7): 618.

Li R, Ning Z, Cui J, et al. 2010. Diesel exhaust particles modulate vascular endothelial cell permeability: Implication of ZO-1 expression [J]. Toxicol Lett, 197(3): 163-168.

Liang F, Liu F, Huang K, et al. 2020. Long-term exposure to fine particulate matter and cardiovascular disease in China [J]. J Am Coll Cardiol, 75(7): 707-717.

Liang S, Zhang J, Ning R, et al. 2020. The critical role of endothelial function in fine particulate matter-induced atherosclerosis [J]. Part Fibre Toxicol, 17(1): 61.

Lin H, Guo Y, Di Q, et al. 2017. Ambient $PM_{2.5}$ and stroke effect modifiers and population attributable risk in six low- and middle-income countries [J]. Stroke, 48(5): 1191-1197.

Liu C, Chen R, Sera F, et al. 2019. Ambient particulate air pollution and daily mortality in 652 cities[J]. New Engl J Med, 381: 705-715.

Liu L, Oza S, Hogan D, et al. 2016. Global, regional, and national causes of under-5 mortality in 2000-15: an updated systematic analysis with implications for the Sustainable Development Goals [J]. Lancet, 388(10063): 3027-3035.

Maher B A, Ahmed I A M, Karloukovski V, et al. 2016. Magnetite pollution nanoparticles in the human brain [J]. Proc Natl Acad Sci U S A, 113(39): 10797-10801.

Maher B A. 2019. Airborne magnetite- and iron-rich pollution nanoparticles: Potential neurotoxicants and environmental risk factors for neurodegenerative disease, including Alzheimer's disease [J]. J Alzheimer's Dis, 71(2): 361-375.

Maji K J, Li V O, Lam J C. 2020. Effects of China's current air pollution prevention and control action plan on air pollution patterns, health risks and mortalities in Beijing 2014–2018 [J]. Chemosphere, 260: 127572.

Nozza E, Valentini S, Melzi G, et al. 2021. Advances on the immunotoxicity of outdoor particulate matter: A focus on physical and chemical properties and respiratory defence mechanisms [J]. Sci Total Environ, 780: 146391.

Olivia Lai. 2022. 15 most polluted cities in the US [N]. Earth Org, 2022-09-21.

Osipov S, Chowdhury S, Crowley J N, et al. 2022. Severe atmospheric pollution in the Middle East is attributable to anthropogenic sources [J]. Commun Earth Environ, 3(1): 1-10.

Pan X, Gong Y Y, Martinelli I, et al. 2016. Fibrin clot structure is affected by levels of particulate air pollution exposure in patients with venous thrombosis [J]. Environ Int, 92-93: 70-76.

Prins G S, Hu W Y, Shi G B, et al. 2014. Bisphenol A promotes human prostate stem-progenitor cell self-renewal and increases in vivo carcinogenesis in human prostate epithelium [J]. Endocrinology, 155(3): 805-817.

Qi Y, Chen Y, Yan X, et al. 2022. Co-exposure of ambient particulate matter and airborne transmission pathogens: The Impairment of the upper respiratory systems [J]. Environ Sci Technol, 56(22): 15892-15901.

Raz R, Roberts A L, Lyall K, et al. 2015. Autism spectrum disorder and particulate matter air pollution before, during, and after pregnancy: A nested case-control analysis within the Nurses' Health Study II Cohort [J]. Environ Health Perspect, 123(3): 264-270.

Rees N, Anthony D, Oleszczuk O, et al. 2016. Clear the air for children: the impact of air pollution on children [R]. United Nations Children's Fund. 2016-11.

Ritz B, Yu F, Fruin S, et al. 2002. Ambient air pollution and risk of birth defects in Southern California [J]. Am. J. Epidemiol, 155(1): 17-25.

Salvi S S, Barnes P J. 2009. Chronic obstructive pulmonary disease in non-smokers [J]. Lancet, 374(9691): 733-743.

Seiwa C, Nakahara J, Komiyama T, et al. 2004. Bisphenol a exerts thyroid-hormone-like effects on mouse oligodendrocyte precursor cells [J]. Neuroendocrinology, 80(1): 21-30.

Shah A S V, Lee K K, McAllister D A, et al. 2015. Short term exposure to air pollution and stroke: systematic review and meta-analysis [J]. BMJ-BRIT MED J, 350.

Shao L, Cao Y, Jones T, et al. 2022. COVID-19 mortality and exposure to airborne $PM_{2.5}$: A lag time correlation [J]. Sci Total Environ, 806: 151286.

Shi L, Wu X, Yazdi M D, et al. 2020. Long-term effects of $PM_{2.5}$ on neurological disorders in the American Medicare population: a longitudinal cohort study [J]. Lancet Planetary Health, 4(12): E557-E565.

Shin J, Han S H, Choi J. 2019. Exposure to ambient air pollution and cognitive impairment in community-dwelling older adults: The Korean frailty and aging cohort study [J]. Int J Env Res Public Health, 16(19): 3767.

Shin S, Burnett R T, Kwong J C, et al. 2018. Effects of ambient air pollution on incident Parkinson's disease in Ontario, 2001 to 2013: a population-based cohort study [J]. Int J Epidemiol, 47(6): 2038-2048.

Sullivan K J, Ran X, Wu F, et al. 2021.Ambient fine particulate matter exposure and incident mild cognitive impairment and dementia [J]. J Am Geriatr Soc, 69(8): 2185-2194.

Tham Y C, Li X, Wong T Y, et al. 2014.Global prevalence of glaucoma and projections of glaucoma burden through 2040 a systematic review and meta-analysis [J]. Ophthalmology, 121(11): 2081-2090.

Tian Y, Liu H, Zhao Z, et al. 2018. Association between ambient air pollution and daily hospital admissions for ischemic stroke: A nationwide time-series analysis [J].

PLoS Med, 15(10): e1002668.

Van Den Hooven E H, de Kluizenaar Y, Pierik F H, et al. 2011. Air pollution, blood pressure, and the risk of hypertensive complications during pregnancy: the generation R study [J]. Hypertension, 57(3): 406-412.

Van Den Hooven E H, Pierik F H, de Kluizenaar Y, et al. 2012. Air pollution exposure and markers of placental growth and function: the generation R study [J]. Environ Health Perspect, 120(12): 1753-1759.

Volk H E, Lurmann F, Penfold B, et al. 2013. Traffic-related air pollution, particulate matter, and autism [J]. Jama Psychiatry, 70(1): 71-77.

VoPham T, Kim N J, Berry K, et al. 2022.$PM_{2.5}$ air pollution exposure and nonalcoholic fatty liver disease in the Nationwide Inpatient Sample [J]. Environ Res, 213: 113611.

Wade M G, Parent S, Finnson K W, et al. 2002.Thyroid toxicity due to subchronic exposure to a complex mixture of 16 organochlorines, lead, and cadmium [J]. Toxicol Sci, 67(2): 207-218.

Wang C, Xu J, Yang L, et al. 2018. Prevalence and risk factors of chronic obstructive pulmonary disease in China (the China Pulmonary Health CPH study): a national cross-sectional study [J]. Lancet, 391(10131): 1706-1717.

Wang W, Lin Y, Yang H, et al. 2022.Internal exposure and distribution of airborne fine particles in the human body: Methodology, current understandings, and research needs [J]. Environ Sci Technol, 6857-6869.

Weichenthal S, Pinault L, Christidis T, et al. 2022. How low can you go? Air pollution affects mortality at very low levels[J]. Sci Adv, 8: eabo3381.

World Health Organization. 2022. Household air pollution: burden of disease [DB/OL]. 2022-08-25.

World Health Organization. 2021.WHO global air quality guidelines: particulate matter ($PM_{2.5}$ and PM_{10}), ozone, nitrogen dioxide, sulfur dioxide and carbon monoxide[M]. World Health Organization.

Wu J, Ren C, Delfino R J, et al. 2009. Association between local traffic-generated air pollution and preeclampsia and preterm delivery in the south coast air basin of California [J]. Environ Health Perspect, 117(11): 1773-1779.

Wu S, Yang D, Wei H, et al. 2015. Association of chemical constituents and pollution sources of ambient fine particulate air pollution and biomarkers of oxidative stress associated with atherosclerosis: A panel study among young adults in Beijing, China [J]. Chemosphere, 135: 347-353.

Wu X, Nethery R C, Sabath M B, et al. 2020. Air pollution and COVID-19 mortality in the United States: Strengths and limitations of an ecological regression analysis [J]. Sci Adv, 6(45): eabd4049.

Xiao Q, Geng G, Xue T, et al. 2022. Tracking $PM_{2.5}$ and O_3 pollution and the related health burden in China 2013–2020 [J]. Environ Sci Technol, 56: 6922-6932.

Xu M, Qin Z, Zhang S, et al. 2021. Health and economic benefits of clean air policies in China: A case study for Beijing-Tianjin-Hebei region [J]. Environ Pollut, 285: 117525.

Yang X, Zhang T, Zhang Y, et al. 2021.Global burden of COPD attributable to ambient $PM_{2.5}$ in 204 countries and territories, 1990 to 2019: A systematic analysis for the Global Burden of Disease Study 2019 [J]. Sci Total Environ, 796.

Yin H, Brauer M, Zhang J J, et al. 2021. Population ageing and deaths attributable to ambient $PM_{2.5}$ pollution: a global analysis of economic cost [J]. Lancet Planet Health, 5(6): e356-e367.

Yin P, Brauer M, Cohen A J, et al. 2020.The effect of air pollution on deaths, disease burden, and life expectancy across China and its provinces, 1990–2017: an analysis for the Global Burden of Disease Study 2017 [J]. Lancet Planet Health, 4: e386-e398.

Yu Y, Sun Q, Li T, et al. 2022. Adverse outcome pathway of fine particulate matter leading to increased cardiovascular morbidity and mortality: An integrated perspective from toxicology and epidemiology [J]. J Hazard Mater, 430: 128368.

Zhang S, An K, Li J, et al. 2021. Incorporating health co-benefits into technology pathways to achieve China's 2060 carbon neutrality goal: a modelling study [J]. Lancet Planet Health, 5: e808-e817.

Zhang Y. 2021. All-cause mortality risk and attributable deaths associated with long-term exposure to ambient $PM_{2.5}$ in Chinese adults [J]. Environ Sci Technol, 55(9): 6116-6127.

Zhou B, Carrillo-Larco R M, Danaei G, et al. 2021. Worldwide trends in hypertension prevalence and progress in treatment and control from 1990 to 2019: a pooled analysis of 1201 population-representative studies with 104 million participants [J]. Lancet, 398(10304): 957-980.